Pierre Jouventin

EINFACH DARWIN!

Pierre Jouventin

— EINFACH DARWIN!

GENIALE GEDANKEN, VERSTÄNDLICH ERKLÄRT

Aus dem Französischen von
Ernst Eschersheimer

KOSMOS

Welches Thema dich auch begeistert – auf unsere Expertise kannst du dich verlassen. Und das schon seit über 200 Jahren.

Unser Anspruch ist es, dich mit wertvollem Rat zu begleiten, dich zu inspirieren und deinen Horizont zu erweitern.

BEGEISTERUNG DURCH KOMPETENZ

Unsere Autorinnen und Autoren vereinen professionelles Know-how mit großer Leidenschaft für ihre Themen.

WISSEN, DAS DICH WEITERBRINGT

Leicht verständlich, lebensnah und informativ für dich auf den Punkt gebracht.

SACHVERSTAND, DEN MAN SEHEN KANN

Mit aussagestarken Fotos, Zeichnungen und Grafiken werden Inhalte besonders anschaulich aufbereitet.

QUALITÄT FÜR HEUTE UND MORGEN

Dafür sorgen langlebige Verarbeitung und ressourcenschonende Produktion.

Du hast noch Fragen oder Anregungen?
Dann kontaktiere unsere Service-Hotline: 0711 25 29 58 70
Oder schreibe uns: kosmos.de/servicecenter

INHALT

LEBEN UND WERK VON CHARLES DARWIN

DARWIN, EIN GESCHEITERTER?

„Außer Schießen, Hunden und Rattenfangen hast du nichts im Kopf: Du wirst noch zur Schande für deine ganze Familie!"

Worte seines Vaters, zitiert in der Autobiografie von Charles Darwin (*Mein Leben*[1])

Charles Darwin (1809 – 1882) wurde in einer Familie von Wissenschaftlern und Ärzten geboren. Sein Großvater, Erasmus Darwin, ist der Verfasser von *Zoonomie oder Gesetze des organischen Lebens*, in dem bereits die Idee geäußert wird, dass Lebewesen voneinander abstammen. Sein Vater Robert, ein reicher und bekannter Arzt, schickt ihn zum Medizinstudium nach Edinburgh, aber Charles, der kein Blut sehen kann, gibt nach zwei Jahren auf. Die Familie beschließt

daraufhin, einen Kleriker aus ihm zu machen, und er geht zum Studium nach Cambridge. Da er mehr Gefallen an Insekten- und Pflanzensammlungen hat als an der Verkündung des Evangeliums, schifft er sich am Ende des Studiums der anglikanischen Theologie auf Empfehlung seines Botaniklehrers und Freundes Henslow als Naturforscher zu einer Weltumsegelung auf einem Expeditionsschiff ein, der *Beagle*. Dort wird Darwin auch als Gesprächspartner für den Kapitän Robert FitzRoy dienen, der sich einen Begleiter seines gesellschaftlichen Ranges an seinem Tisch wünscht.

Vor seiner Abreise dachte Darwin, ein unentschlossener, gläubiger junger Mann – genau wie sein Umfeld –, dass die Arten von einer höheren Macht geschaffen wurden und unveränderlich sind. Aber seine fünf Jahre dauernde Reise, auf der er Tier- und Pflanzenexemplare für Naturkundemuseen sammelt, wird ihm Gelegenheit bieten, die Tierwelten zu vergleichen. Warum ähneln sich lebende und versteinerte Tiere so sehr? Warum beherbergt jede der Galapagosinseln Schildkröten- und Finkenarten, die sich ein wenig voneinander unterscheiden?

Galapagos
Die Stationen der Beagle *in Südamerika*

Die „Darwinfinken", deren Beobachtung auf den Galapagosinseln der Auslöser für die Überlegungen zu seiner künftigen Evolutionstheorie war.

Stammen sie nicht von einem gemeinsamen Ursprung und haben sich dann auf ihrer jeweiligen Insel voneinander isoliert und auseinanderentwickelt? Am Ende der Reise ist er davon überzeugt, dass die Arten sich in Abhängigkeit von Zeit und Ort entwickeln. Aber er fragt sich, welcher natürliche Mechanismus Lebewesen verändern kann und dafür sorgt, dass sie sich so gut an ihre Umgebung anpassen können.

Sein Vater ist nach seiner Rückkehr beeindruckt von den Lobreden der Wissenschaftler, denen sein Sohn ausgestopfte Exemplare mitgebracht hat. Er erlaubt ihm, sich vollständig der Wissenschaft zu widmen. Materiell unabhängig und noch dazu mit einer begüterten Cousine verheiratet, zieht Darwin aufs Land, um seine Forschungen fortzuführen. Diese beschäftigen sich vor allem mit dem Antrieb jener Evolution, wie er sie schon erahnt. Die Lektüre von *Das Bevölkerungsgesetz* (1798) des anglikanischen Priesters Thomas Robert Malthus (1766 – 1834) – der die Ansicht vertritt, Lebewesen würden sich schneller vermehren als die verfügbaren Nahrungsmittel zunehmen – regt ihn zu dem Gedanken

Charles Darwin in verschiedenen Lebensphasen

an, dass eine „natürliche Selektion" wirksam sein müsse. Diese bewahre nur die zum Überleben geeignetsten Individuen, die ihre vorteilhaften Eigenschaften an ihre Nachkommen weitergeben. Diese Hypothese, die wir später noch im Einzelnen ausführen, wird Darwin die Erkenntnis liefern, die es bis heute zu erklären erlaubt, dass die Arten sich immer besser anpassen und sich aus sich heraus – ohne göttliches Eingreifen – zu neuen Arten entwickeln, wenn sie voneinander isoliert sind!

Der vorsichtige, intelligente und hartnäckige Darwin bittet seine Briefpartner in aller Welt um Feldbeobachtungen; er entwickelt seine Argumente 20 Jahre lang und prüft sie aus allen Blickwinkeln. Ohne Kenntnis der Vererbungsgesetze (die der Mönch Gregor Mendel auf Grundlage gekreuzter Pflanzen formuliert und 1865 vorstellt, die aber bis zu ihrer Wiederentdeckung im Jahr 1900 unbeachtet bleiben) und ohne Hilfe der Genetik (die erst später entsteht) findet er einen Weg, seine Überlegungen an Haustieren zu erproben. Dazu beobachtet er Hunde und Tauben, um zu verstehen, wie es Tierzüchtern gelungen ist, durch eine nach strengen Kriterien erfolgte Auswahl von Zuchttieren viele unterschiedliche Rassen zu schaffen – eine Art „Minischöpfung" von Arten. Als er erfährt, dass Alfred Russel Wallace, ein ihm bekannter Naturforscher, genau dieselbe Erklärung für die Entwicklung der Arten vorschlägt, setzt er seine Arbeiten jedoch aus. Schließlich veröffentlicht Darwin 1859 das sicher wichtigste Buch auf dem Gebiet der Naturwissenschaften: *Die Entstehung der Arten im Thier- und Pflanzenreich durch natürliche Züchtung oder Erhaltung der vervollkomneten Rassen im Kampfe um's Daseyn.*

Vor ihm hatten schon andere begriffen, dass alle Lebewesen miteinander verwandt sind und die verschiedenen Arten voneinander abstammen, vor allem der Franzose Jean-Baptiste de Lamarck (1744 – 1829), Professor am Museum für Naturgeschichte in Paris. 1809 hatte Lamarck in seiner *Zoologischen Philosophie* die erste umfassende Theorie vorgelegt: zur Entstehung von Arten durch eine im Lauf der Zeit erfolgende Komplexitätssteigerung. Aber Darwin ist der Erste, der den Antrieb der Evolution aufdeckt und der zeigt, wie Tiere und Pflanzen sich auf natürlichem Weg herausgebildet haben. Er beschränkt sich nicht darauf, denn das Heikelste bleibt noch zu klären: der Ursprung des Menschen. Hat er es in seinem ersten Werk noch sorgfältig vermieden, diese Frage zu erörtern, so veröffentlicht er 1871, zwölf Jahre später *Die Abstammung des Menschen und die geschlechtliche Zuchtwahl.* Dessen Anliegen ist es, zu beschreiben und zu begreifen, was man „Schöpfung" im biblischen Sinne nannte – in einer Zeit, in der man sich nicht vorstellen konnte, die Geheimnisse der belebten Welt und damit unserer Art aufzuklären, ohne auf Religion oder Mythologie zurückzugreifen. Dieses Unternehmen war völlig neu, weil der Verfasser jegliche Spekulation über ein göttliches Eingreifen oder gar über die „Urzeugung" von Lebewesen ausschloss, die der Aufklärung so wichtig gewesen war – die aber von Louis Pasteur im selben Jahr, in dem Darwins *Der Ursprung der Arten* erschien, widerlegt wurde. Eine echte Revolution!

DER DARWINISMUS, EIN MISSVERSTÄNDNIS?

„Darwin überträgt den Kapitalismus auf die Natur."

Patrick Tort: *Darwin n'est pas celui qu'on croit*, 2010, S. 69.

Darwin hat die Biologie und die Philosophie revolutioniert: Er lieferte eine Erklärung dafür, woher die Lebewesen und damit unsere Art kommen, ohne dafür das Übernatürliche zu bemühen. Aber die Interpretation seiner Thesen hat zu zahlreichen Fehlern geführt, ange-

Die Evolution führt zur Vervollkommnung des Menschen: eine verfälschte Sicht von Darwins Theorie.

fangen bei der berühmten Formulierung, mit der man seine Arbeiten zusammengefasst hat: „Der Mensch stammt vom Affen ab“. Der Theoretiker Darwin hatte nur die Ansicht vertreten, dass wir enge Verwandte der Schimpansen seien und nicht ihre Nachfahren – was DNA-Analysen später belegen sollten. Noch gravierender: Der Darwinismus, eine wissenschaftliche Theorie, wurde lange Zeit mit dem „Sozialdarwinismus“ gleichgesetzt, einer politischen Theorie, die in der Anwendung des Darwinismus auf menschliche Gesellschaften besteht und sich auf den Kampf aller gegen alle stützt. Diese Fehlinterpretation, die Darwin zu seiner Zeit klar angeprangert hat, hat die Verbreitung seiner – wenn auch falsch verstandenen – Theorie über Jahrzehnte hinweg stark begünstigt, durch ein erstaunliches Zusammentreffen verschiedener Umstände. Manche schlugen tatsächlich vor, die Entwicklung der Arten auf den sozialen Fortschritt zu übertragen, also den Darwinismus in einer Perspektive der Vervollkommnung der Lebewesen zu lesen, mit unserer Art an der Spitze der Hierarchie, was mitunter zu einer Verherrlichung des ungezügelten Kapitalismus führte. Zu einer späteren, sich heute fortsetzenden Zeit haben die unseligen Folgen dieser Ideologien dem Verständnis und der Wirkung der ursprünglichen Botschaft beträchtlichen Schaden zugefügt.

Diese bereits in viktorianischer Zeit in die Wege geleitete Verwechslung zwischen Tier und Mensch, Politik und Wissenschaft, Evolution und Fortschritt ist oft angeprangert worden. Zwar fühlte sich die christliche Religion direkt angegriffen, aber Darwin hat sich darum bemüht, die Gläubigen zu schonen, indem er am Ende von *Der Ursprung der Arten* die Schlussfolgerung zog:

„Es liegt etwas Großes in dieser Sicht auf das Leben mit seinen vielfältigen Kräften, das der Schöpfer ursprünglich ganz wenigen Formen oder nur einer einzigen Form eingehaucht hat – und auch darin, dass, während dieser Planet dem unveränderlichen Gesetz der Schwerkraft folgend sich unentwegt dreht, aus einem so schlichten Anfang zahllose überaus schöne und wunderbare Formen hervorgegangen sind und weiter hervorgehen werden.“

Es ist bekannt, dass Darwins Frau und viele seiner Freunde tiefgläubig waren und er sie ebenso wenig wie seine Leser gegen sich aufbringen wollte. Ja, mehr noch, die Schlussfolgerung seines Hauptwerkes ist Ausdruck seiner tiefen Überzeugung, dass es zwischen Gläubigen und Ungläubigen keinen Gegensatz gibt, sondern eine moralische Kontinuität. Was ihn betrifft, so hat ihn die Suche nach der Erklärung dessen, was man heute „Biodiversität“ nennt, paradoxerweise vom anglikanischen Anwärter auf das Priesteramt zum „Newton der Biologie“ werden lassen: Die Wissenschaft hat die Religion abgelöst, die natürliche Selektion die Vorhersehung ersetzt. Und seine Schüler und Bewunderer finden sich seit jeher in entgegengesetzten kulturellen Feldern – manche zutiefst religiös, andere atheistisch.

Der Begriff Darwinismus ist also komplex und trügerisch. Darwins Werk ist so reich an Entwicklung und Nuancen, dass es mehrere Lesarten ermöglicht. Viele, die sein Werk für ein breites Publikum zugänglich machten, haben sich nur das aus der facettenreichen Vielfalt herausgegriffen, was ihnen passte. Und viele – sogar von denen, die vom wissenschaftlichen Aspekt, der die Biologie revolutioniert, überzeugt sind – haben Mühe, sich die Auswirkungen auf das gesellschaftliche Leben einzugestehen. Es gibt viele Missverständnisse seit der Veröffentlichung von *Der Ursprung der Arten*, auch wenn Darwin deutlich Position bezog, indem er sich 1871 in *Die Abstammung des Menschen* genauer mit unserer Spezies befasste. Die enormen Auswirkungen dieses Werks, das weniger Leser fand, aber noch revolutionärer war als *Der Ursprung der Arten*, wurden unmittelbar erfasst: „Wenn diese Thesen zutreffen, steht unmittelbar eine Revolution des Denkens bevor, die die Gesellschaft bis in ihre Wurzeln erschüttern wird und den heiligen Charakter des Gewissens und das religiöse Gefühl zerstören wird", las man in der *Edinburgh Review*. Manche gingen so weit zu schreiben, Darwin habe Gott „entthront"!

Dabei hat Darwin trotz der Krankheit, die ihn heimsuchte, sein Leben damit verbracht, zu Hause zu arbeiten und seine wissenschaftlichen Kenntnisse zu erweitern. Die Ernte seiner Entdeckungen ist so reich, dass wir fast zwei Jahrhunderte gebraucht haben, um sie uns anzueignen. Er ist nicht nur der bewunderte Vater der Evolutionswissenschaft – die heute anerkannt ist und blüht –, sondern auch einer der Gründungsväter der Ökologie. Indem er die Rolle der Regenwürmer für die Fruchtbarmachung von Böden oder die Bildung von Koralleninseln erklärte oder auch das Schmarotzertum des Kuckucks, ist er ein Pionier der wissenschaftlichen Ökologie geworden, aus der ein Jahrhundert später die politische Ökologie hervorging. Diese ist in den Mittelpunkt unserer Sorgen um die Zukunft des

Planeten und der Menschheit gerückt. Zusammen mit Jean-Henri Fabre (1823 – 1915) wird Darwin – als Autor von *Der Ausdruck der Gemütsbewegung bei dem Menschen und den Tieren* (1872) – außerdem als Vorläufer und Begründer der Ethologie (Verhaltensforschung bei Tieren) angesehen. Von Geburt dieser Wissenschaft an sah er eine psychische Verwandtschaft zwischen unserer Art und den anderen, was eine große Neuerung war und immer noch bleibt. Darwin schrieb dem „Vieh" Gemütsbewegungen zu, wie es schon der Titel des Werks ankündigt: Gemütsbewegungen, deren Mechanismen wir heute wiederentdecken, dabei ist schon längst bekannt, dass die beteiligten Hormone bei allen Säugetieren, zu denen wir auch zählen, dieselben sind.

Letztendlich ist es logisch, dass Darwin als großer Pionier des Tierschutzes angesehen wird. Dieser Aspekt wird von den meisten seiner Biografen verkannt, weil der Theoretiker, der seiner Zeit zu weit voraus war, zu dem Thema sehr verschwiegen war. Zum Beispiel vertrat er schon vor anderthalb Jahrhunderten die Ansicht, dass die Ursprünge menschlicher Moral bei anderen geselligen Arten, wie dem Schimpansen oder dem Hund als Nachkomme des Wolfs, zu finden seien. Die Besonderheit dieses Buchs, das in Darwins Denken einführt, liegt in der Beschäftigung mit der aktuellen Frage des Tierschutzes, die wir am Ende ausarbeiten werden.

Die Evolution, nicht als Linie von Nachkommen gedacht, sondern als Baum: eine moderne und immer noch aktuelle Sicht.

DER DARWINISMUS

EIN SCHWIERIGES THEMA

„Sie fragen, ob ich den ‚Menschen' in meine Erörterungen mit einbeziehen werde. Ich glaube, ich werde dieses gesamte Kapitel meiden, da es mit so vielen Vorurteilen behaftet ist, wobei ich zugebe, dass der Mensch der wichtigste und interessanteste Gegenstand für den Naturforscher ist."

Brief von Charles Darwin an Alfred Russel Wallace, geschrieben vor dem Erscheinen von *Der Ursprung der Arten.*

Das in der zweiten Hälfte des 19. Jahrhunderts entstandene Werk Darwins hält weiterhin zahlreichen Kritiken stand. Und doch bleibt es häufig unverstanden, wenn es nicht sogar verfälscht wird. Wie ist dieses Paradox zu erklären?

Albert Einstein (1879 – 1955) hat das Verständnis der physikalischen Welt revolutioniert, Darwin hat den Ursprung der lebenden

Welt entdeckt, der gegenwärtigen und der vergangenen, sowie den Ursprung des Menschen, was uns noch stärker betrifft. Sogar die, die ihnen nahestanden, haben diese beiden außergewöhnlichen Genies nicht immer verstanden. Einsteins Professor in Zürich hielt ihn gar für einen Faulpelz, wobei man bedenken muss, dass er im Mekka der Schweizer Wissenschaft unterrichtete. Darwin hat mit seinen Universitätsstudien noch weniger geglänzt, die jedoch immerhin in Cambridge endeten. Sein Vater, ein angesehener Arzt, jammerte über den Nichtsnutz, der sein Medizinstudium aufgegeben hatte und zögerte, eine kirchliche Karriere einzuschlagen. Er stand einer Weltreise, die zu keinem Beruf ausbildete, ablehnend gegenüber und hatte für die Leidenschaft seines Sohnes für die Natur nichts übrig.

Es ist nicht einfach, sich Einsteins Relativitätstheorie anzueignen, denn sie ist anti-intuitiv. Ebenso die Evolution: Wie vermittelt man, dass die Arten sich im Lauf von Jahrtausenden entwickeln, wo wir das in der Größenordnung unseres eigenen Lebens gar nicht ermessen können? Darwin hatte diese Schwierigkeit erkannt und in *Der Ursprung der Arten* aufgegriffen:

„Der Hauptgrund für unsere natürliche Abwehr gegenüber der Vorstellung, dass aus einer Art andere, verschiedene Arten hervorgegangen sind, ist der, dass wir große Veränderungen, deren einzelne Schritte wir nicht sehen, immer nur langsam gelten lassen."

Obwohl der „Erfinder der Evolution" ein Autodidakt war, wurde er nach der Rückkehr von seiner langen Reise von der wissenschaftlichen Welt rasch anerkannt. Seine Kollegen mit höherer akademischer Ausbildung begannen, ihn wegen einer Reihe von Beiträgen zu den Naturwissenschaften zu schätzen, und seine Theorie wurde rasch

Darwins Prinzip der Evolution der Arten beruht auf der Veränderlichkeit und der natürlichen Selektion: Die Individuen derselben Art weisen Unterschiede auf, die sie mehr oder weniger dazu befähigen, ihre Fressfeinde in einer gegebenen Umwelt zu überleben. Es findet also eine Selektion statt, die es bestimmten Eigenschaften – so wie hier einer Tarnfarbe – ermöglicht, sich zulasten der anderen zu entwickeln.

ernst genommen. In Frankreich jedoch, dem „einzige[n] Land, in dem der Evolutionismus kämpfen musste, um sich durchzusetzen"[4], stieß Darwins Theorie unter Wissenschaftlern 80 Jahre lang auf starken Widerstand. Man begreift den provokanten Satz von Einstein: „Wenn eine Idee zuerst nicht absurd erscheint, dann taugt sie nichts"!

Die Evolutionstheorie ist in dreierlei Hinsicht sensationell. Zunächst ist sie nur auf den ersten Blick einfach. Dann ist sie unerlässlich, um die Natur zu erklären, zumindest vor dem Zeithorizont, der unser eigenes Leben übersteigt. Und schließlich stellt sie eine Falle, die noch hinterhältiger ist als ihr Beitrag zur Wissenschaft, eine Hürde zu ihrem Verständnis dar: Ihre „gesellschaftliche" Auswirkung, anders gesagt ihre Anwendung auf den Menschen, revolutioniert die Ideengeschichte stärker als es die meisten Biografen Darwins anerkennen wollen, die sich allein auf den bereits beträchtlichen wissenschaftlichen Beitrag konzentrieren.

Die Entwicklung der Arten resultiert zunächst aus der „Veränderlichkeit“: Alle Individuen einer Art unterscheiden sich untereinander durch jeweils vererbbare Eigenschaften. Außerdem unterliegen sie dem Prozess der „natürlichen Selektion“, aufgrund ihrer mehr oder weniger gelungenen „Anpassung“ an die Umgebung. Variation + Selektion = Evolution. Diese Formel, die weniger präzise, aber ebenso magisch ist wie $E = mc^2$, wirkt so elementar, dass sie die Vollkommenheiten der belebten Welt – wie das Auge, den Vogelflug oder das Gehirn – scheinbar nicht erklären kann. Wie könnte die so komplexe belebte Welt ein Ergebnis von einfachem Zufall sein? Um die Evolutionstheorie zu erfassen, muss man sich klarmachen, dass der Prozess langsam und vor allem kumulativ erfolgt, da jede Verbesserung zu den vorangegangenen dazukommt. Das führt nach mehreren hundert Generationen – während derer nur die vorteilhaften genetischen Veränderungen bei den überlebenden Individuen bewahrt werden – zu einer vollkommenen Anpassung an die äußeren Bedingungen.

Für die Wissenschaft und den Verstand ist diese Erklärung der Biodiversität und der Stellung des Menschen in der Natur unglücklicherweise weniger intuitiv als das, was man „Schöpfung“ nannte. Dabei erfordert diese eine übernatürliche Kraft, über die man nichts weiß. Darwin, der als „Newton des Grashalms“ bezeichnet wurde, war sich der Bedeutung seiner Entdeckung, die die einzige bleibt, die die Mechanismen der belebten Welt erhellt und die wesentlichen Fragen über unsere Herkunft beantwortet, absolut bewusst: Wo kommen wir her und wer sind wir? Aber er hasste die Polemiken, die seine materialistische Welterklärung notwendigerweise auslösen würde, vor allem zur Frage des Menschen. Die Debatte hatte bei ihm, dessen Abfall vom Glauben seine liebe Gattin, ein aktives Mitglied der Unitarischen Kirche, beunruhigte, sogar etwas von einer Gewissensfrage.

Er hat seine Bedrängnis übrigens gestanden – eine überraschende Tatsache von dem Entdecker einer Theorie, die zu Recht häufig als die größte wissenschaftliche Revolution bezeichnet wurde: „Neben einem allgemeinen Interesse an südlichen Ländern bin ich seit meiner Rückkehr mit einem sehr vermessenen Werke beschäftigt […]. Ich habe massenweise Bücher über Landwirtschaft und Gartenbau gelesen und nie aufgehört, Fakten zu sammeln. Endlich hat sich ein Lichtstrahl gezeigt, und ich bin nahezu überzeugt (völlig entgegengesetzt zu meiner anfänglichen Ansicht), daß die Spezies nicht unveränderlich sind (mir ist, als gestände ich einen Mord)."[5] Tatsächlich entschloss sich Darwin zur Veröffentlichung seines kapitalen Werks erst, als er von der Konkurrenz eines ebenso leidenschaftlichen Naturforschers, Alfred Russel Wallace, über den wir noch sprechen werden, dazu getrieben wurde. Wie Darwin ihm zwei Jahre vor dem Erscheinen von *Der Ursprung der Arten* schrieb, geht uns die Evolutionstheorie vor allem durch ihre Neuinterpretation der Entstehung des Menschen nahe.

Darwin kannte die Schwierigkeit, der sich französische Wissenschaftler gegenüber sahen, die schon länger zur Verwandtschaft zwischen Arten arbeiteten. Man wundert sich, dass „das Land, das Buffon, Geoffroy Saint-Hilaire und Lamarck hervorgebracht hat, hinsichtlich der Verbreitung von Darwins Theorie im Vergleich zum übrigen Europa so sehr im Hintergrund steht und sich jetzt mit so viel Hartnäckigkeit an den Glauben klammert, die Arten seien unveränderliche Schöpfungen!" Diese Aussage des Biologen François Jacob, Nobelpreisträger von 1965, geht folgendermaßen weiter: „Die französischen Naturforscher mochten die angelsächsischen Theorien überhaupt nicht! In Sachen Evolution zogen sie die französischen Theorien wie die von Jean-Baptiste de Lamarck vor."[6] Die letzten Salven, die zu Darwins Lebzeiten gegen ihn abgefeuert wurden, stellten ihn tatsächlich als einen Plagiator von Lamarck dar, der als Erster eine Gesamttheorie der Entwicklung der Arten vorgelegt hatte. Der Franzose war jedoch weit davon entfernt, eine so befriedigende Erklärung für den Antrieb der Evolution zu liefern, also für die Funktionsweise der Natur. In England selbst, wo man weniger zögerlich war, sprach die Royal Society Darwin 1864 die Copley-Medaille zu, ihre höchste Auszeichnung, wobei sie darauf bedacht war zu präzisieren, dass diese nicht für *Der Ursprung der Arten* verliehen werde. Noch heute, da unter den Biologen quasi Einverständnis herrscht, wird Darwins Erklärung des natürlichen Ursprungs der belebten Welt zum Beispiel von Evangelikalen und Islamisten geleugnet!

Selbst Karl Popper (1902 – 1994), häufig als der größte Wissenschaftsphilosoph angesehen, fiel auf den ungewöhnlichen Gedankengang des Darwinismus herein und urteilte eine Zeit lang, dieser sei „keine überprüfbare wissenschaftliche Theorie, sondern ein metaphysisches Forschungsprogramm" – bevor er das 1978 widerrief[7]. Die „Theorie der gemeinsamen Abstammung", wie Darwin sie nannte (alle Tiere und Pflanzen stammen vom selben Ursprung ab), ist tatsächlich „eine lange Argumentation" und vereint ein Bündel an Beobachtungen, die nach und nach durch mehrere Beweise untermauert wurden. Manche davon hängen von Zufällen ab, wie dem Einfluss der Geografie.[8] Die Beweisführung bringt nicht ein einziges großes Prinzip ins Spiel, wie die Gravitation von Newton oder die Relativität von Einstein, sondern eine Vielzahl an Beobachtungen, die die Idee der natürlichen Selektion unterstützen: Es werden mehr Lebewesen geboren als die vorhandenen Lebensgrundlagen zulassen, was zur Selektion derjenigen Individuen führt, die an ihre Umgebung am besten angepasst sind und ihre vorteilhaften Eigenschaften an ihre Nachkommen weitergeben.

Dieses Konzept entstand nach und nach, dann ist es gereift, um schließlich von mehreren gleichzeitig entdeckt zu werden. Wir werden das Unverständnis, die verborgenen Herausforderungen, die psychologischen Blockaden und die Ablehnungen analysieren, auf die es trotz seines Erfolgs gelegentlich noch stößt. Wir werden jene Vielzahl von

Verwirrungen, Auswüchsen und Mystifizierungen durchgehen, die uns irritieren. So werden wir versuchen, den Vater der Evolution durch seine Schriften besser zu verstehen, denn selten ist eine Theorie so eng mit der Persönlichkeit ihres Begründers verbunden gewesen. Tatsächlich: Warum bezieht man sich geradezu besessen auf Darwin – nach den bedeutenden Entdeckungen im Bereich der Molekularbiologie, die Darwin auf den Dachboden der Geschichte großer Männer hätten befördern können? Es mangelt nicht an Büchern über ihn, vor allem auf Englisch, aber seine Person bleibt ein Geheimnis, ebenso komplex wie seine Theorie, deren Anwendung auf den Menschen zu allem Überfluss weiterhin unterschätzt wird. Glücklicherweise erhellen seine persönlichen Schriften, seine 15 000 Briefe an mehr als 2000 Briefpartner, zahlreiche Notizbücher und die für seine Kinder verfasste Autobiografie die Schattenzonen des Mysteriums Darwin in allem, was die Wissenschaft betrifft. Das gilt auch für Religion, Philosophie, Moral, Wirtschaft und sogar Politik.

DAS GEHEIMNIS DER GEHEIMNISSE

„Wie groß nun aber auch der Unterschied zwischen der Seele des Menschen und der der höheren Tiere sein mag, so ist es sicher doch nur ein Unterschied des Grades und nicht der Art."

Darwin, *Die Abstammung des Menschen und die geschlechtliche Zuchtwahl*, 1871, S. 161.

Die Vorstellung, dass die Arten sich verändern und voneinander ableiten, gab es im Ansatz schon lange. Bereits im Jahr 350 vor unserer Zeitrechnung hatte Aristoteles (384 – 322 v. Chr.) das Prinzip einer sich entwickelnden Komplexität verstanden: „Die Natur geht in einer kontinuierlichen Abfolge von den unbelebten Objekten zu den Pflanzen und zu den Tieren über", schrieb er in seiner *Tierkunde*. Für ihn, den Hauslehrer von Alexander dem Großen, beruht diese Stufenentwicklung auf einem „Zuwachs an Seele", das heißt an Bewusstsein, an Vernunft – die sich nach und nach jenem höheren Wesen annähern, das alle unterschiedlichen und unveränderlichen Arten geschaffen haben soll. Als Philosoph wohlbekannt, war Aristoteles auch ein großer Zoologe und ein unübertrefflicher Beobachter. Er hat 500 Tierarten beschrieben. Diese Doppelkompetenz in Bio- und Humanwissenschaften hat der abendländischen Kultur bis ans Ende des Mittelalters einen Denkrahmen geliefert. In *Der Ursprung der Arten* stellt sich Darwin die Frage:

„Fast jeder Teil eines organischen Wesens ist so wunderbar an die Komplexität seiner Lebensbedingungen angepasst, dass es ebenso unwahrscheinlich scheint, dass ein solcher Teil mit einem Mal in diesem Zustand der Perfektion aufgetaucht sein soll, wie dass eine komplexe Maschine gleich bei ihrer Erfindung durch den Menschen in ihre perfekte Form gebracht würde."

Wie kann man ohne den Glauben an einen Schöpfergott erklären, weshalb lebende Organismen sich so vollkommen anpassen können?

In evolutionistischem Denken ausgebildete Lehrende unterscheiden heute zwischen proximaten Ursachen, das heißt dem „Wie" (auf physiologischer Ebene zum Beispiel die Leber, die Galle absondert), und ultimaten Ursachen, das heißt dem funktionalen „Warum" (des Auges oder des Flügels), das Aristoteles „Finalursache" („Causa finalis“) nannte. Beim Auge beispielsweise existieren in der Natur alle Zwischenstadien der Entwicklung, von der lichtempfindlichen Zelle bei einfachen Organismen bis zum Auge von Säugetier oder Vogel mit Linse und Pupille. Die Vollkommenheit des Auges ist also kein Rätsel mehr – sobald man seine Entstehung im Lichte der Evolutionstheorie betrachtet. Ein anderes, einfacheres Rätsel der Evolution: Die sechseckigen Waben eines Bienenstocks sparen Raum und Wachs, aber ihre theoretische Planung übersteigt die kognitiven Fähigkeiten eines Insekts. Darwin – schon wieder – hat primitive Bienen beobachten können, deren nur vage zylindrische Zellen verständlich machen, wie der Wettbewerb unter verschiedenen Arten von einer einfachen Form zu einer komplexen Geometrie führte, die so vollkommen ist, dass sie wie das Werk eines Ingenieurs oder einer höheren, ja göttlichen Intelligenz erscheint. Wenn in der Physik die Ursache immer der Folge vorausgeht, so gibt es in der belebten Welt Interaktionen und folglich immer komplexere Adaptionen, denn die evolutionären Prozesse schaffen Wechselwirkungen zwischen Ursache und Wirkung. So passt sich der Fleischfresser seiner Beute an; wer über Zähne und Krallen verfügt, hat einen Vorteil inne. Währenddessen passt der Pflanzenfresser sich dem Fressfeind an, um ihm dank längerer Beine zu entgehen, und das geht so seit Millionen Jahren, ohne dass der eine den anderen eliminieren könnte, sodass beide sich parallel zueinander entwickeln. In der Natur existieren hoch entwickelte Anpassungen, Ziele, Zweckbestimmtheiten, und diese Feststellung hat nichts mit Finalismus zu tun!

Die Vorstellung von der Evolution, die Darwin nach anderen „das Geheimnis der Geheimnisse“ nannte, hat wichtige Auswirkungen auf die Biologie und als logische Folge auf alles, was die menschliche Natur betrifft. Darwin sieht sich mit einer Lawine von existenziellen Fragen konfrontiert: Woher stammen die belebte Welt und der Mensch? Unterscheiden wir uns so sehr von den anderen Arten und insbeson-

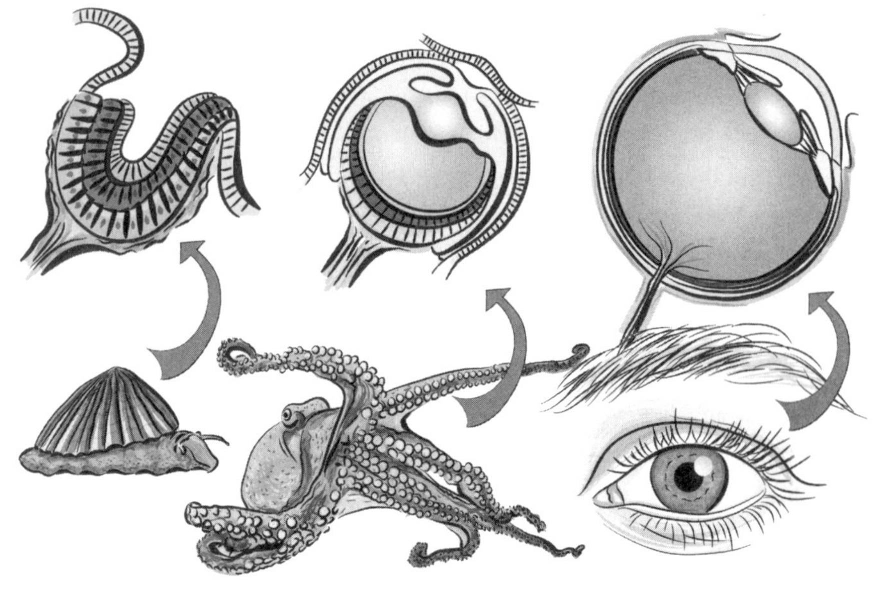

Die Entwicklung des Auges, von der Molluske über den Kraken zum Menschen. Ob dieses Komplexerwerden einen Zweck hat? Sicher nicht, entschied Darwin, der die Ansicht vertritt, dass es nur eine evolutionäre Gemeinsamkeit gibt.

dere von den Affen? Woher stammen unsere Intelligenz, Moral, Kunst und Religion? Als Wissenschaftler wie auch als nonkonformistischer Philosoph schlussfolgert er nicht nur, dass der Mensch (*Homo sapiens*) aus der Tierwelt hervorgegangen ist, sondern auch, dass er ein Tier unter anderen ist – eine ohne Wenn und Aber durch die DNA-Analysen bestätigte Hypothese, die aber vielen unserer Zeitgenossen immer noch Probleme bereitet.

Ein anderes, in diesem Falle persönliches Geheimnis: Darwin blieb über Jahrzehnte hinweg bei sich zu Hause eingesperrt.

Ausgerechnet er, der während seiner gesamten Weltreise in bester körperlicher Verfassung war, erlebte, wie seine Gesundheit sich nach seiner Rückkehr nach London verschlechterte. Allgemeine Schwäche, Magenschmerzen, Blähungen, Übelkeit, Herzklopfen, Schwindelanfälle, Schlafstörungen, Hautausschläge, Erbrechen, nervöse Ticks, heftiger Tremor … Ab 1842, mit gerade einmal 33 Jahren, war Darwin nicht mehr fähig dazu, längere Spaziergänge zu unternehmen. Kein Arzt, auch nicht sein Vater oder sein Bruder, konnte den rätselhaft bleibenden Beschwerden Abhilfe schaffen.

Manche Biografen Darwins haben diese beständigen Beschwerden auf eine Parasiteninfektion zurückgeführt, die er sich in Südamerika zugezogen habe, vielleicht die Chagas-Krankheit, eine Art Trypanosomiasis, die von einer Wanze übertragen wird. Das ist sehr gut möglich. Neuere Arbeiten[9] haben die Hypothese von psychosomatischen Beschwerden aufgrund innerer Konflikte aufgestellt. In erster Linie soll Darwin in seiner Ehe von der religiösen Frage geplagt gewesen sein: Seine Ehefrau, die er liebte, bekannte sich zu einem glühenden Glauben und war untröstlich über seinen Agnostizismus, der sie beide daran hindern würde, nach dem Tod im Himmel vereint zu sein. Dann soll er einen persönlichen Kampf geführt haben: zwischen einem Dr. Jekyll, der stolz darauf ist, der Welt die größtmögliche wissenschaftliche Entdeckung geschenkt zu haben, da sie unsere Existenz auf Erden erklärt – und einem Mr. Hyde, der sich schuldig fühlt, die Büchse der Pandora geöffnet zu haben, die niemand wieder verschließen kann. Auf jeden Fall haben ihn seine zahlreichen abgebrochenen Versuche, sein revolutionäres Werk *Der Ursprung der Arten* niederzuschreiben, das später zum Erfolg führen sollte, schwer belastet: Es „hat dreizehn Monate und zehn Tage harte Arbeit gekostet […]. Dieses Buch, das mich halb umgebracht hat, mein abscheuliches Werk, das mich so viel Arbeit gekostet hat, dass ich fast soweit bin, es zu hassen". Übrigens bezeichnete er sein Werk als „ewige Zusammenfassung" und als „verdammtes Buch"!

DER PLAN DER „SCHÖPFUNG“

„Der Weltenraum stört mich, ich kann nicht verstehen /
wie kann solch ein Uhrwerk ohne Uhrmacher gehen?“

Voltaire, *Les cabales*, Satire, 1772

In der Mitte des 19. Jahrhunderts bestand das größte Dilemma für Wissenschaftler darin, das Weltbild ihrer Zeit mit den immer zahlreicher werdenden geografischen und wissenschaftlichen Entdeckungen in Einklang zu bringen, die ihr gesamtes Begriffsgebäude untergruben und die jene Überzeugungen, die ihrer religiösen Erziehung entstammten, immer stärker in Frage stellten. Wie konnte man sich, trotz der Existenz von Fossilien und der Ähnlichkeiten zwischen den Arten, vorstellen, dass die Welt ohne göttliches Eingreifen erschaffen worden sein sollte?

Darwin, vergessen wir das nicht, hatte in seinen jungen Jahren vorgehabt, Kleriker zu werden, und war von dem biblischen Argument der göttlichen Schöpfung beeindruckt gewesen. Während seines Theologiestudiums an der Universität von Cambridge wohnte er in dem Zimmer, das der Theologe William Paley (1743 – 1805) bewohnt hatte. Der gelehrte Erzdiakon der anglikanischen Kirche war berühmt geworden, als er 1802, sieben Jahre vor Darwins Geburt, das Werk *Natural Theology or: Evidences oft the Existence and Attributes of the Deity* veröffentlichte. Dieses begann mit der Analogie der Uhr, die schon Voltaire 30 Jahre zuvor angeführt hatte: „Nehmen wir an“, so brachte Paley vor, „dass ich eine Uhr auf dem Boden finde [...]. Bei der Untersuchung dieser Uhr stellen wir fest, [...] dass ihre verschiedenen Teile mit einem beabsichtigten Ziel zusammengesetzt sind [...]. Alle Manifestationen eines Plans, die in der Uhr vorhanden sind, sind in den Werken der Natur vorhanden [...]. Eine Erfindung setzt einen

Erfinder voraus, und eine Absicht ein intelligentes Wesen." Wir werden noch auf den engen Zusammenhang zurückkommen, den Darwin zwischen religiöser Suche und Evolutionismus hergestellt hat, aber halten wir jetzt schon fest, dass der Verweis auf das, was man göttliche Vorsehung nennt, unter Wissenschaftlern üblich war, um die Welt zu erklären. Damit folgten sie dem Beispiel Buffons, der, auch wenn er Wissenschaft und Religion trennte, 1774 geschrieben hatte: „Je weiter ich in die Tiefen der Natur vordringe, desto mehr bewundere und respektiere ich deren Schöpfer."

Carl von Linné (1707 – 1778), der Erfinder der binären Nomenklatur – die noch immer verwendet wird, wenn man z. B. von *Homo sapiens* spricht –, glaubte, das Werk Gottes zu inventarisieren, als er die erste große Klassifikation der belebten Welt entwickelte und Pflanzen und Tiere in einem großen Stammbaum zusammenfasste. Er wollte die Pläne des großen Architekten des Universums entschlüsseln. „Ich sehe keinen Unterschied, der mir erlauben würde, den Menschen von den Großaffen so weit zu unterscheiden, dass man verschiedene Gattungen aus ihnen machen könnte. Ich hätte gern, dass man mir einen zeigt!", beklagte er sich 1735 und bezeugte damit seine intellektuelle Redlichkeit. Für ihn wie für seine Zeitgenossen war die Vielfalt der Welt ein für alle Mal von Gott gegeben.

Der berühmte Naturforscher Georges Louis Leclerc, Comte de Buffon (1707 – 1788), war ebenfalls der Ansicht, dass die Welt von einer unveränderlichen universellen Ordnung beherrscht würde. Im Jahr 1749 begann er mit der Veröffentlichung seiner *Histoire naturelle générale et particulière*[10] – die Generationen von Franzosen begeisterte und sie mit den Naturwissenschaften vertraut machte. Seiner Ansicht nach waren alle Lebewesen am Anfang der Erde vorhanden, aber einige degenerierten: Bei Buffon gibt es eine Evolution, aber eine umgekehrte! Auf der Grundlage seiner geologischen Kenntnisse hatte er erkannt, dass das Alter der Erde nicht auf 6000 Jahre reduziert

Buffon mit einer Tafel zur vergleichenden Anatomie

werden kann, wie es eine bestimmte Tradition vertrat, die sich auf die Bibel berief. Dennoch musste er seine Aussage zurücknehmen, angesichts der drohenden Zensur durch die theologische Fakultät der Sorbonne. „Als die Sorbonne Streit mit mir suchte, hatte ich keinerlei Schwierigkeit, ihr alle Genugtuung zu geben, die sie sich wünschen mochte: Das ist nur Spott, aber die Menschen sind ausreichend einfältig, um sich damit zufrieden zu geben."

Der nicht minder berühmte Naturforscher Georges Cuvier (1769–1832), Begründer der vergleichenden Anatomie, stellte sich ebenfalls Fragen nach der Entwicklung der Arten, hielt aber seinen Vorgänger noch für zu gewagt. Um das Rätsel der Fossilien und der ausgestorbenen Arten zu lösen, schlug er den „Katastrophismus" vor, der die Vorstellung von einer endgültigen Urschöpfung in Frage stellte: Die Anhäufung von Fossilien, die durch geologische Diskontinuitäten voneinander getrennt sind, führte er auf eine Reihe von Überschwemmungen und Erdbeben zurück, die sukzessive Schöpfungen erzwungen hätten. Er erklärte weder, warum jene „Umwälzungen des Globus" statt-

Cuvier

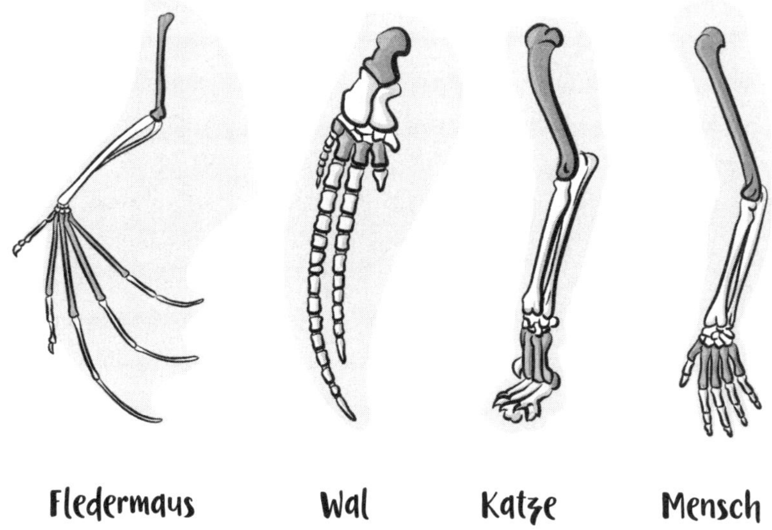

Die vergleichende Anatomie ermöglichte es Darwin, von der Existenz einer gemeinsamen Abstammung verschiedenen Arten auszugehen.

gefunden haben, noch, wie „Sintfluten" bestimmte Wassertierarten im Wasser verschwinden lassen konnten, noch, auf welche Weise „lebende Fossilien" bis in unsere Tage überlebt haben können. Rückblickend betrachtet, ist es die Ablehnung der Entwicklung der Arten, bei Cuvier schwer zu verstehen. Als Begründer der Paläontologie kannte er die meisten der Informationen, die später den Kreationismus entkräften sollten, der vom göttlichen Ursprung der Welt ausgeht. Cuvier hatte auch bemerkt, dass die Fauna von Kontinent zu Kontinent variierte, weshalb man ihn als den Vater der „Zoogeografie" ansehen kann, aber er führte das Phänomen auf lokale Einflüsse zurück.

Cuvier hat immer auf seinem Standpunkt beharrt und sich zwei Kollegen vom Naturgeschichtlichen Museums in Paris gegenüber sogar besonders niederträchtig gezeigt. Kollegen, die durchaus hellsichtiger waren als er, Geoffroy Saint-Hilaire (1772–1844) und vor allem Lamarck (1744 – 1829), der Erfinder des Wortes „Biologie", bei dem er so weit ging, ihn lächerlich zu machen, indem er anlässlich seiner *éloge funèbre*, der Trauerrede vor der Akademie der Wissenschaften, dessen Ideen verdrehte. In der Tat war es der missverstandene Lamarck, der in seiner *Philosophischen Zoologie* im Jahre 1809 – dem Geburtsjahr von Darwin – die erste allgemeine Evolutionstheorie beschrieb. Seine Beweisführung war unzureichend, aber er legte bereits einen „Gesamtplan" des Tierreichs vor. Was nun für Cuvier und Geoffroy Saint-Hilaire nur ein Streit von Klassifizierern auf Grundlage der vergleichenden Anatomie war, wurde 1859 in der *Entstehung der Arten* zu einem großen Beweis für die Evolution, ebenso wie die Fossilien. Diese Gesamtpläne, die Ähnlichkeiten aufführen, interpretierte Darwin neu als eine Homologie, die eine gemeinsame Abstammung bezeugt:

„Ist es nicht bemerkenswert, dass die Hand des Menschen, die zum Greifen geschaffen ist, die Kralle des Maulwurfs, die zum Wühlen in der Erde bestimmt ist, das Bein des Pferdes, die Flosse des kleinen Tümmlers und der Flügel der Fledermaus alle nach demselben Muster gebaut sind und ähnliche Knochen enthalten, die in derselben Weise zueinander positioniert sind?"

Indem Darwin entdeckte, wie sich das Leben und der Mensch auf natürliche Weise entwickeln konnten, hat er die traditionelle Weltsicht all seiner gelehrten Vorgänger überwunden. Weil er das wichtigste Rätsel des Ursprungs der belebten Welt löste, ohne einen göttlichen Eingriff vorauszusetzen, lieferte er zum ersten Mal die Argumente, mit denen die Wissenschaft sich der Aneignung durch die Religion entziehen konnte.

WER HAT DIE EVOLUTION ENTDECKT?

„Darwin war eindeutig nicht der Vater des Evolutionismus, auch wenn er ihn schließlich zum Sieg führte."

Ernst Mayr, *... und Darwin hat doch recht: Charles Darwin, seine Lehre und die moderne Evolutionsbiologie*, S. 126.

Man weiß nicht, ob Robert Chambers (1802 – 1871) durch die Tatsache, dass er mit zwölf Fingern und zwölf Zehen geboren wurde, davon überzeugt war, dass Individuen variabel und die Arten nicht unveränderlich sind. Auf jeden Fall löste der schottische Autor und Naturforscher mit seinem Buch *Vestiges of the Natural History of Creation* (1844) einen Skandal aus: Er räumte die Existenz Gottes ein, hielt die Bibel aber für überholt und behauptete, die Wissenschaft werde die Entstehung der belebten Welt erklären. Das Buch erlebte einen Riesenerfolg mit elf Auflagen und 24 000 verkauften Exemplaren in zehn Jahren (zweieinhalb Mal so viel wie die spätere Auflage von *Der Ursprung der Arten*). Die Thesen darin waren jedoch für die damalige Zeit so ketzerisch, dass der Autor erst nach seinem Tod genannt wurde. Als aufgeklärter Laie, den Dogmen nicht kümmerten, stellte Chambers fest, dass Fossilien im Laufe der geologischen Zeitalter schrittweise auftauchen und immer komplexer werden, dass die am weitesten entwickelten Tiere die jüngsten sind, dass jede zoologische Gruppe auf einem Gesamtplan beruht und dass Embryonen Stadien durchlaufen, die denen von primitiveren Verwandten ähneln. Dennoch glaubte niemand der Erklärung eines Neulings, denn sein Buch enthielt auch Ahnungslosigkeiten, die die Fachleute schaudern ließen. Seine Beobachtungen bilden jedoch eine Vorbedingung zu *Der Ursprung der Arten*, das Darwin fünfzehn Jahre später mit umso größerer Vorsicht veröffentlichen wird.

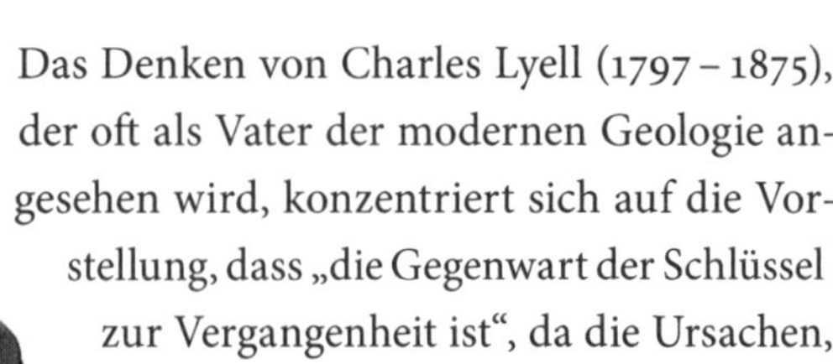
Lyell

Das Denken von Charles Lyell (1797 – 1875), der oft als Vater der modernen Geologie angesehen wird, konzentriert sich auf die Vorstellung, dass „die Gegenwart der Schlüssel zur Vergangenheit ist“, da die Ursachen, die in der Gegenwart wirken, auch in der Vergangenheit des Erdballs eine Rolle gespielt haben müssen. Darwin will diese Theorie des „Aktualismus“ auch auf die Evolution der Lebewesen anwenden, was der Meister jedoch ablehnt. Trotz der Beweise, die Darwin ihm liefert, wird der gläubige Geologe bis zu seinem Tod genau wie Cuvier behaupten, die Naturgesetze seien Ausdruck einer höheren Macht.

Mit dem zunehmenden Wissen bestand die einzige Möglichkeit, die bei Arten der Vergangenheit und Gegenwart beobachteten Übereinstimmungen kohärent zu erklären, darin, das erklärende System zu ändern, das heißt in einem Paradigmenwechsel. Um sich in dieser Ansammlung von Entdeckungen, die durch Bibellektüre nicht länger interpretiert werden konnten, zurechtzufinden, musste man nicht nur anerkennen, dass die natürlichen Ursachen für die Entwicklung des Planeten und der Lebewesen weiterhin wirken, sondern auch, dass die Arten nicht ein für alle Mal fixiert sind: Die Geografie hat sich im Laufe der Zeit verändert, wodurch Populationen isoliert wurden und unterschiedliche Arten entstanden. Wie Darwins Großvater bereits geahnt hatte, musste auch der Zeitrahmen geändert werden: Man konnte die Entwicklung der Erde und des Lebens nicht mehr in Tausenden von Jahren betrachten, sondern in Millionen von Jahren. Und es war nicht nötig, Katastrophen anzuführen, um die Fossilien zu erklären!

Manche sind noch der Ansicht, es sei nicht Darwin, sondern Jean-Baptiste de Lamarck gewesen, der die Prinzipien der Entwicklung der Arten entdeckt hat. So erklärt es eine Inschrift auf dem Sockel eines Denkmals von Lamarck, das 1908 errichtet wurde und am Eingang des Botanischen Gartens und des Naturkundlichen Museums in Paris zu sehen ist: „Dem Begründer der Evolutionslehre". Ein Bronzerelief auf der Rückseite zeigt Lamarcks Tochter, die ihren erblindeten Vater mit den Worten tröstet: „Die Nachwelt wird Euch bewundern. Sie wird Euch rächen, mein Vater." Damit war der lange geschmähte Naturforscher rehabilitiert – wenn er auch nicht den Mechanismus der Evolution der belebten Welt entdeckt hat, so war er doch der erste, der ein Gesamtbild von ihr zeichnete: Er war der Vorläufer Darwins!

1859, dreißig Jahre nach Lamarcks Tod, erschien *Der Ursprung der Arten* mitten in einer Kontroverse: Neben den Überresten sehr früher Menschen waren ausgestorbene Tiere zutage gefördert worden. Die französischen Experten hielten sie aufgrund ihrer Schädelform für uninteressant und „krankhaft", während die Engländer begriffen, dass mit ihnen ein Beweis für das Zusammenleben prähistorischer Menschen mit „vorsintflutlichen" Tieren, wie man damals sagte, vorlag. Der Botaniker John Ray (1627–1705), der den Schweden Carl von Linné (1707–1778) inspiriert hatte, präzisierte bereits 1682

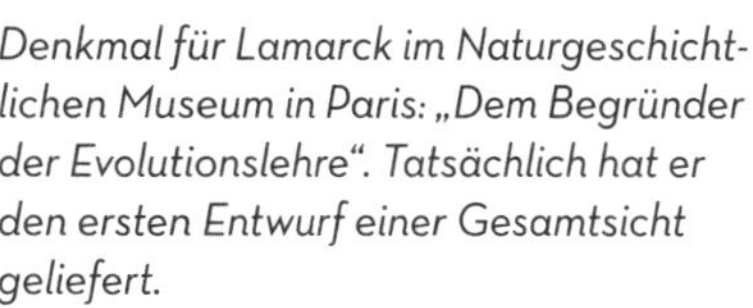

Denkmal für Lamarck im Naturgeschichtlichen Museum in Paris: „Dem Begründer der Evolutionslehre". Tatsächlich hat er den ersten Entwurf einer Gesamtsicht geliefert.

in seinem Werk *Methodus plantarum nova* den Begriff der Arten, den er auf Vererbung gründete: „Gemeinschaft von Individuen, die durch Fortpflanzung andere, ihnen selbst gleiche Individuen hervorbringen." Allerdings musste man sich noch von der Vorstellung der „Unveränderlichkeit der Arten" lösen, die nach Ansicht von Ray und zahlreichen Wissenschaftlern schon immer unveränderlich gewesen seien.

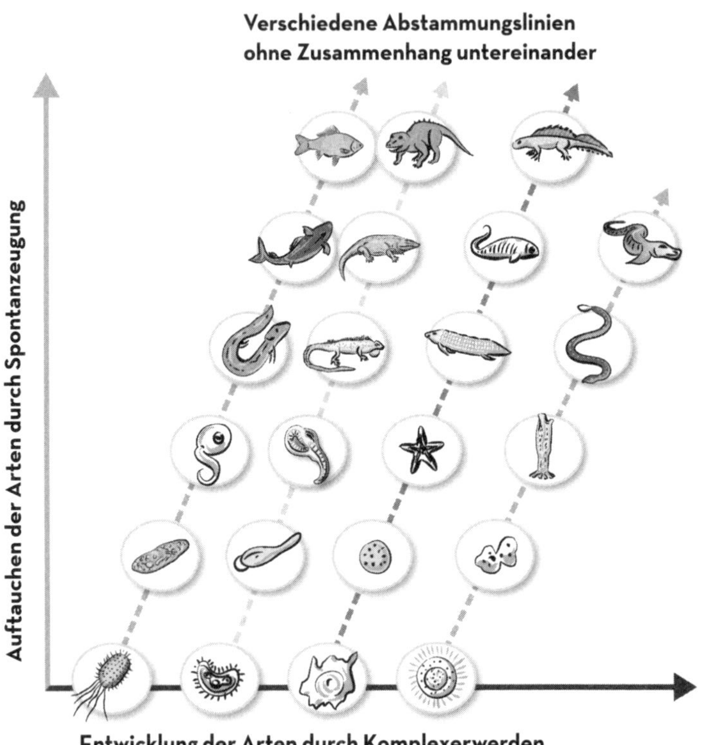

Für Lamarck tauchen „die einfachsten" Arten auf durch Spontanzeugung aus unbelebter Materie. Sie entwickeln sich durch Komplexerwerden und „Perfektionierung" parallel und ohne Verbindung zwischen den verschiedenen Linien. Diese Unabhängigkeit der Linien blendet also die Möglichkeit eines einzigen gemeinsamen Vorfahrens aus, den Darwin jedoch in seine Theorie aufnimmt.

Die Vorstellung, dass sich die Arten entwickeln, lag also schon in der Luft, als Lamarck in seinem *Discours d'ouverture du cours de l'an VIII* (1799/1800), der Eröffnung seiner Zoologievorlesung dieses Universitätsjahres, einen Entwurf davon lieferte. Über diese erste Gesamtsicht hinaus hatte er die Originalität, den Schwerpunkt auf Verhalten, Umgebung und Anpassungsfähigkeit zu setzen, und vor allem ging er das Risiko ein, den Menschen in die Bewegung der Evolution mit einzuschließen. Er ging sogar so weit, die Bedrohungen für unsere Zukunft vorherzusagen, deren Ausmaß die meisten unserer Zeitgenossen noch immer nicht richtig erfassen können: „Durch seinen an Hellsichtigkeit mangelnden Egoismus für seine eigenen Interessen, durch seine Neigung, alles auszukosten, was ihm zur Verfügung steht […], scheint der Mensch an der Vernichtung der Mittel zu seiner Erhaltung und an der Zerstörung seiner eigenen Art zu arbeiten"![11] Seine allgemeine Entwicklungstheorie stützte sich jedoch auf die Spontanzeugung und auf die Vererbung von erworbenen Eigenschaften, zwei Vorstellungen, die sich als falsch erwiesen, zu seiner Zeit aber anerkannt waren. Lamarck zufolge sollte die Spontanzeugung aus der Tatsache folgen, dass einfache Tiere wie Würmer aus Humus hervorgegangen seien, was abwegig ist, aber bereits einen Fortschritt gegenüber der Spontanzeugung darstellte, wie Diderot und die Philosophen der Aufklärung sie sich vorstellten: Als miserable Naturwissenschaftler unterschätzten sie massiv die Komplexität von Lebewesen und stellten sich vor, dass die organischen Bestandteile des Schlamms sich vereinen könnten, um Säugetiere hervorzubringen! Für Lamarck, der die Abfolge von Naturkatastrophen, die Cuvier zur Erklärung von Fossilien heranzog, leugnete, sind es „die Gewohnheiten, die Lebensweise und

Lamarck

Für Lamarck wird der Hals der Giraffen länger, weil sie die höheren Blätter erreichen wollen, die für ihre Ernährung erforderlich sind.

alle einwirkenden Umstände, die mit der Zeit die Form des Körpers und die Einzelteile der Tiere gebildet haben. Mit neuen Formen wurden neue Fähigkeiten erworben, und nach und nach ist die Natur zu dem Zustand gelangt, in dem wir sie jetzt sehen."[12] Er gab also eine einfache Erklärung für die Entwicklung der Lebewesen ab, die seiner Ansicht nach aus erworbenen Eigenschaften erfolgte, das heißt aus der notwendigen Anpassung der Organismen an die Bedingungen ihrer Umwelt.

Als Darwin von seiner Weltreise zurückkehrte, erkannte er, dass der Schlüssel zur Veränderung der Arten in der natürlichen Selektion lag. Wenn Giraffen über einen langen Hals verfügen, dann nicht, weil sie das Bedürfnis haben, die Blätter in den Baumkronen zu fressen, wie Lamarck annahm, sondern weil unter ihren Vorfahren diejenigen Individuen mit dem längsten Hals bei der Ernährung im Vorteil waren und sich daher besser fortpflanzen konnten. Der wesentliche Unterschied zwischen den beiden Theoretikern: Während für Lamarck die Arten einheitlich sind, existiert für Darwin eine individuelle Variabilität innerhalb derselben Art, die zur Selektion

Für Darwin wird die individuelle Veränderlichkeit Individuen mit langem Hals begünstigen. Sie pflanzen sich erfolgreicher fort, weil sie besser ernährt sind als die anderen.

der am besten an ein wie immer geartetes Milieu angepassten Individuen führt: Die mit langem Haar sind im Vorteil, wenn das Klima kälter wird, so wie die haarlosen es im Fall einer Erwärmung sind. Das ergibt sich nicht unbedingt aus einem Kampf um das Leben der stärksten oder am besten angepassten Individuen, um es erneut zu sagen, sondern aus einem Wettbewerb zwischen Abstammungslinien, die zahlreiche Nachkommen aufziehen und ihnen ihre Erbeigenschaften weitergeben können, sodass manche nach und nach den Platz der aussterbenden Konkurrenten einnehmen.

Darwin betrachtete sich zu Recht als den legitimen Vater der Evolutionstheorie und ihm lag daran, nicht mit seinem Vorgänger verwechselt zu werden, der weder denselben Untersuchungsgegenstand hatte noch denselben Zweck verfolgte. Lamarck interessierte sich für Individuen und für die physikalisch-chemischen Mechanismen der Evolution. Darwin beschäftigte sich mit Populationen und suchte die Ursache in natürlichen Zwängen, wobei er in einem Brief ungerechterweise argumentierte, die Evolutionstheorie von Lamarck sei „ein wahres Gespinst aus Dummheiten […], aus dem ich weder einen Fakt noch eine Idee gezogen habe". In einem Brief an seinen Freund Joseph Dalton Hooker erkannte Darwin 1844 immerhin an, dass er in Lamarcks Schuld stand: „Der Himmel bewahre mich vor Lamarcks Unsinn einer ‚Neigung zum Fortschritt' und ‚Anpassungen infolge des langsam wirkenden Willens der Tiere', aber die Schlüsse, zu denen ich gelange, unterscheiden sich nicht sehr von den seinigen. Ich glaube, das einfache Mittel entdeckt zu haben (das ist die Vermessenheit!), durch das die Spezies so ausgezeichnet an verschiedene Zwecke angepaßt sind."[13] Um den Beitrag der beiden großen Evolutionstheoretiker in einer einfachen Formel zusammenzufassen: Lamarck hat die Pläne für das Auto gezeichnet, Darwin hat ihm einen Motor verpasst! Schließlich können sich die Arten gegenseitig durch eine Art Getriebe verändern: Veränderlichkeit der Individuen, dann umweltbedingte Selektion und Weitergabe durch Vererbung. Für den französischen Wissenschaftler sind die Individuen identisch, während sie für den Engländer alle verschieden sind, und Veränderlichkeit bildet den „Treibstoff" der natürlichen Selektion, da manche Eigenschaften besser an eine bestimmte Umgebung angepasst sind als andere.

Man weiß, dass Darwin im Laufe seiner Reise durch die erneute Lektüre des berühmten Essays *Das Bevölkerungsgesetz*[14] von Thomas Robert Malthus auf die Idee für diesen Motor der Evolution kam. Der schlussfolgert, dass die Lebewesen sich schneller vermehren als die natürlichen Existenzgrundlagen. Darwin leitete daraus den Mechanismus der Konkurrenz ab, der ihm fehlte:

„... wurde mir sofort deutlich, daß unter solchen Bedingungen vorteilhafte Variationen eher erhalten bleiben und unvorteilhafte eher vernichtet werden. Das Ergebnis dieser Tendenz mußte die Bildung neuer Arten sein."[15]

Der Ökonom Malthus reagierte in seinem Essay auf William Godwin (1756 – 1836), den ersten Theoretiker des Anarchismus, der wie Condorcet (1743 – 1794) und zur gleichen Zeit in seiner *Enquiry concerning Political Justice and its Influence on Modern Morals and Hapiness* (1793) argumentierte, dass die Reichtümer der Erde ständig wachsen würden, um den Menschen, deren Vervollkommnungsfähigkeit unbegrenzt ist, Überfluss zu verschaffen. Für Malthus dagegen führt die Konkurrenz in diesem Überfluss von Individuen, die geboren werden, zum Überleben von nur einem Teil derselben, weil die natürlichen Existenzgrundlagen begrenzt sind. Demgegenüber verändern sich für Darwin, der sich nicht mehr auf die Zukunft der Menschheit, sondern auf die Evolution der belebten Welt konzentriert, die Arten von Generation zu Generation, ausgehend von der Ungleichartigkeit der Population und der „Selektion". Seine Beobachtung der Viehzüchter – die seit Jahrhunderten empirisch künstliche Selektion betrieben, um spezialisierte Rassen von Hunden, Tauben oder Pferden zu erhalten – führte ihn dazu, von der klassischen Ansicht, innerhalb einer Art seien die Individuen vollständig identisch, zu einem modernen Denken überzugehen, das in Bezug auf Populationen denkt. Er hat begriffen, dass die natürliche Selektion auf die genetische Variabilität wirkt – so wie die Züchter neue Formen schaffen, indem sie bestimmte Individuen pflegen und andere aussortieren. In der Natur passt sich die Art durch die Selektion der Erbanlagen immer besser an ihre Umgebung an; das Gleichgewicht ist aber instabil, weil sich die Umweltbedingungen ändern können.

Malthus

Auch wenn die natürliche Selektion ausschlaggebend ist, so ist sie doch nur eine Facette des darwinistischen Paradigmas. In Wirklichkeit ist die Evolutionstheorie ein Erklärungssystem, das mehrere Theorien miteinander verknüpft. Damit dieses geistige Uhrwerk auch funktioniert – die Vorstellung eines Schöpferaktes wird dabei ausgeschlossen –, geht es von einem Ursprung des mikrobiellen Lebens aus unbelebter Materie aus, und von einem gemeinsamen Vorfahren aller Lebewesen, für Flora und Fauna, von den einfachsten Individuen bis zu den komplexesten.

Um auf die von William Paley vorgeschlagene Analogie der Uhr zurückzukommen, so ist diese Zusammenfügung von Theorien vergleichbar mit den Rädern eines Räderwerks, die einzeln nichts produzieren, aber wenn sie zweckmäßig angeordnet sind, einen Mechanismus bilden, der dazu dient, die Uhrzeit anzuzeigen. Niemand vor Darwin (und Alfred Russel Wallace) hatte für das so komplizierte Problem der Evolution der belebten Welt eine solche Lösung vorgeschlagen; dennoch waren deren Bestandteile in der Natur zu beobachten.

Heutige Biologen, die über die DNA-Sequenzierung verfügen, bewundern diese Erklärung noch immer, insbesondere mit dem Wissen, dass die Erbgesetze für Darwin unbekannt waren. Die Arbeiten von Gregor Mendel (1822 – 1884), der ab 1856 die Grundprinzipien der Genetik entdeckt hatte, indem er im Garten seines Klosters Erbsen kreuzte, waren in der Welt der Wissenschaft unbemerkt geblieben – und sollten erst sehr viel später (be-

Das Schnabeltier, dieses „lebende Fossil", hat Darwin verständlicherweise fasziniert: ein Säugetier mit Reptilien- und Vogel-Eigenschaften.

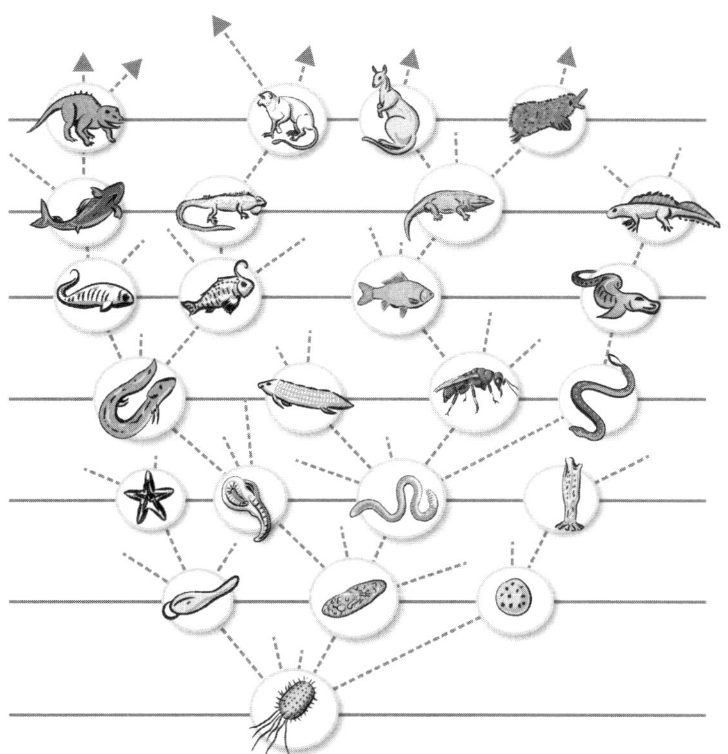

Die Evolution, wie Darwin sie begriff: ein üppiger Lebensbaum ohne Zweckbestimmtheit.

kanntermaßen erfolgreich) genutzt werden, nämlich im Jahr 1900. Noch weniger hatte der Vater der Evolution eine Vorstellung von den Chromosomen, deren Rolle bei der Vererbung erst 1910 von dem Amerikaner Thomas Hunt Morgan mit seinen Beobachtungen der genetischen Mutationen bei der Essigfliege nachgewiesen wurde. Die meisten Hypothesen Darwins, die er aus eigenen Beobachtungen, dem brieflichen Austausch und seinen Überlegungen abgeleitet hat, sind von der modernen Wissenschaft bestätigt worden. Sicher, der Evolutionstheorie hielt man zum Beispiel die Schwäche der paläontologischen Beweise für den Übergang von einer Verzweigung auf eine andere vor, was bei ihren Kritikern als Beleg für jeweils verschiedene Schöpfungen gesehen wurde. Nun hatte Darwin bei seinem Aufenthalt in Australien Gefallen daran gefunden, das Schnabeltier als ein „lebendes Fossil" zu beschreiben: Dieses urweltliche Säugetier weist tatsächlich Eigenschaften auf, die sowohl Reptilien als auch Vögeln eigen sind, es hat ein Fell und trägt einen Entenschnabel, es legt Eier und säugt seine Jungen. Es existieren also noch ein paar Zwischenglieder zwischen den Tierarten, auch wenn die meisten verschwunden sind, da die Hybriden verschiedener Zwischenformen im Allgemeinen wenig wettbewerbsfähig sind.

Man versteht Darwins Missmut, wenn er beschuldigt wurde, Lamarck kopiert zu haben. Jener predigte zwar – wie jeder beliebige Anhänger der Umwandlung der Arten, des „Transformismus", wie man damals sagte – die Anpassung der Tiere an ihre Umgebung und die mögliche Evolution von einer Art zu einer anderen, aber seine Erklärung unterliegt bei Weitem der seines angeblichen Plagiators, der den Mechanismus dafür lieferte. Die beiden Theorien unterscheiden sich auch in einem vermeintlich unwichtigeren Punkt als der natürlichen Selektion, der sich aber als entscheidend herausstellt. Es geht nicht mehr um den Versuch, den Mechanismus an sich zu beschreiben, sondern um die Frage nach der Zweckbestimmtheit der Evolution: Für Lamarck ist sie Teil des göttlichen Plans, nicht aber für Darwin, der nur begrenzte Anpassungen erkennt und nicht eine dem Phänomen innewohnende, allgemeine Richtung: Würmer, Insekten, Weichtiere, Fische, Reptilien, Vögel, Säugetiere ... Wie Cuvier nachgewiesen hatte, wurden die Tiere im Laufe der geologischen Zeitalter offenkundig immer komplexer. Aber während Darwin sich diese Bewegung wie einen üppigen Lebensbaum vorstellte, wobei er vermied die Komplexität des Aufbaus der Lebewesen zu hierarchisieren, betrachtete Lamarck, im Grunde immer noch Kreationist, sie als die Sprossen einer Evolutionsleiter – in der Art „Leiter der Natur", die

Aristoteles systematisiert hatte – und schloss sich damit einer verbreiteten Interpretation der biblischen „Jakobsleiter" an. Nachdem seine *Zoologische Philosophie* erschienen war und er sich die tierischen Linien näher ansah, wurde Lamarck übrigens klar, dass es in der Natur keine kontinuierliche Entwicklung zur Vervollkommnung gab, da bestimmte Organismen, wie etwa Parasiten, sich im Laufe ihrer Entwicklung vereinfachten und regredierten.

Wie der Titel *Zoologische Philosophie* andeutet, ist Lamarcks Vorgehen spekulativ, es verbindet eine umfassende, scharfsinnige Vision mit dem einfachen Mechanismus, der den Wunsch nach Anpassung darstellt, während „Darwin […] der erste Autor [war], der sich mit dem Thema der Evolution in streng wissenschaftlicher Weise befaßte."[16] Cuvier, der fünfundzwanzig Jahre jünger war als Lamarck und drei Jahre nach ihm starb, schien lange Zeit überzeugender. Dennoch ist das Erbe des „Begründers der Evolutionslehre" – wie es das Lamarck-Denkmal im Botanischen Garten in Paris deklariert – heute anerkannt und Lamarck rehabilitiert als der erste Schöpfer einer Gesamttheorie.

DER ANDERE ENGLISCHE ENTDECKER DER EVOLUTION

> *„Nie zuvor hatte man eine so bedeutende Masse von Tatsachen, die bis dahin verstreut waren, in einem System vereint, um eine so große, so einfache und so neue Philosophie zu etablieren."*
>
> Alfred Russel Wallace über den Darwinismus, Brief an Henry Walter Bates (1845).

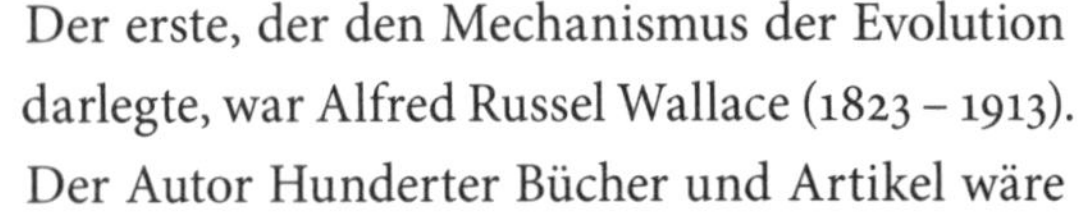

Wallace

Der erste, der den Mechanismus der Evolution darlegte, war Alfred Russel Wallace (1823 – 1913). Der Autor Hunderter Bücher und Artikel wäre heute vergessen, wenn er seine Beobachtungen nicht der wissenschaftlichen Zeitschrift unterbreitet hätte, deren Redakteur Darwin war. In der Abhandlung, die er 1858 (also ein Jahr vor der Veröffentlichung des großen Werks von Darwin) aus Malaysia einsandte, beschrieb der damals 35 Jahre alte Hochbegabte, was er „das allgemeine Prinzip in der Natur" nannte, exakt das, was Darwin als „die natürliche Selektion" bezeichnete, ein bis dahin noch ganz neuer Begriff! In einem kurzen Essay[17] legte Wallace dar, was Darwin zwanzig Jahre lang nicht auf mehreren Hundert Seiten hatte zusammenfassen können!

Die natürliche Erklärung dessen, was man als „Schöpfung" verstand und heute „Biodiversität" nennt, ist also gleichzeitig und unabhängig voneinander in zwei Hirnen bei Individuen aufgetaucht, die an geografischen Antipoden lebten! Wallace hat elegant und großzügig akzeptiert, dass Darwin der Erste war, was umso fraglicher war, als sie miteinander korrespondierten und Gedanken austauschten. Als selbstloser Mensch sollte er sich nie darüber beklagen. Bei der Lektüre von *Der Ursprung der Arten* gratulierte er sich sogar und schreibt 1845 an ihren gemeinsamen Freund, den Insektenforscher Henry Walter Bates: „Ich bin froh, dass mir nicht die Aufgabe zugefallen ist, der Welt diese Theorie zu schenken. Mr. Darwin hat eine neue Wissenschaft und eine neue Philosophie geschaffen und ich glaube nicht, dass man je ein ähnliches Beispiel für einen neuen Zweig der menschlichen Erkenntnis gesehen hat, der den Arbeiten und Forschungen eines Einzigen so viel zu verdanken hätte." Und weiter fügt er hinzu: „Dieses Gesetz [...] begnügt sich nicht damit, [alle aktuell unerklärlichen Tatsachen] zu erklären, sondern macht deren Existenz zwingend."[18]

Wie Darwin vor ihm war Wallace ein brillanter Naturforscher auf Reisen. Er entstammte bescheidenen Verhältnissen, war zunächst Vermessungsingenieur und wurde von Bates in die Naturwissenschaften eingeführt, mit dem er 1848 im Alter von 25 Jahren auf Expeditionsreise ging. Wallace war also ein vollkommener Autodidakt: Es war wirklich ein neuer, nicht akademischer Blick vonnöten, um eine ebenso revolutionäre wie einleuchtende Theorie zu ersinnen – wie die der Evolution durch natürliche Selektion. Im Lauf der Jahre waren sich die beiden Erfinder immer weniger einig über das, was sehr viel wichtiger erscheint: die Zweckbestimmtheit der Evolution oder die „Teleologie". Hat die Evolution eine Richtung, ist der Mensch Absicht, wie es die Christen Lamarck und Wallace bekräftigten, oder ist sie blind und der Mensch nur eine zufällige Folge der Evolution der Arten, so wie Darwin schlussfolgerte, der Materialist, der zum Agnostiker wurde?

Für Wallace kann die Vergrößerung des menschlichen Gehirns und damit der intellektuellen und moralischen Eigenschaften nicht durch natürliche Selektion erklärt werden – zum Beispiel, wie es die heutige Lehrmeinung vertritt, aufgrund des Wettbewerbs zwischen Menschengruppen, Großwild effizient zu jagen. Der Ansicht Wallace' (und der heutigen Anhänger des „Intelligent Design"[19]) nach ist der Mensch die Krönung der Schöpfung und sein Dasein ein Beweis für die Existenz Gottes. Im Gegensatz zur biblischen Erzählung der Genesis, in der sich die Erschaffung des Menschen radikal von der der übrigen belebten Welt unterscheidet, gibt es nach Darwin zwischen dem Menschen und den anderen tierischen Arten keinen wesentlichen, sondern nur einen graduellen Unterschied. Für Darwin,

Wallace und Darwin waren sich lange Zeit einig: Die Vergrößerung des Gehirns im Lauf der menschlichen Entwicklung erklärt sich durch natürliche Selektion.

der übernatürliche Ursachen als Erklärung vermeidet, stammen unsere kognitiven Fähigkeiten aus der natürlichen Selektion, der die Primaten unterlagen. Die Evolution hätte also kein vordefiniertes Ziel, und den Beweis dafür sieht er darin, dass es in der großen Gruppe der Wirbellosen soziale Insekten wie Bienen, Termiten und Ameisen ebenfalls geschafft haben, außerordentlich komplexe Gesellschaften zu entwickeln und zwar auf vollständig anderen Wegen. Dieses gemeinsame Vermögen zweier entfernter zoologischen Gruppen, kognitive Fähigkeiten zu entwickeln, wird durch neuere Entdeckungen bestätigt: Inzwischen ist nachgewiesen, dass Bienen in ihren Tänzen einen abstrakten Code verwenden, um Nahrungsquellen zu lokali-

Dann entfernte Wallace' Neigung zum Mystizismus ihn immer weiter von Darwin, der seine Vorstellungen mit Entschlossenheit aufrechterhielt.

sieren, und dass Weichtiere wie Kraken ebenso intelligent sind wie einige Säugetiere.

Als Wallace 1870, gut zehn Jahre nach dem Erscheinen von *Der Ursprung der Arten*, beschließt, seine Sicht auf das Auftreten unserer Spezies in *Contributions to the Theory of Natural Selection. A Series of Essays*[20] zu veröffentlichen, haben die Überzeugungen der beiden Ko-Entdecker der Evolution sich auseinanderentwickelt. Die Antipoden, an denen sie sich befinden, sind jetzt keine geografischen mehr, sondern intellektuelle. Darwin, der bei der Abfahrt der *Beagle* der Naturtheologie von Paley anhing, die auf der „göttlichen Absicht" gründet, und der erklärte, er sei „gebannt und überzeugt von der vollkommenen Verknüpfung seiner Argumentation", ist im philosophischen Sinne Materialist geworden und inzwischen überzeugt, dass die natürliche Selektion den Menschen geschaffen hat – während Wallace der Ansicht ist, diese gelte für Tiere und der Mensch sei dabei die Ausnahme. Darwin, der sich verraten fühlte und weder diese spiritualistischen Positionen schätzte, noch, dass Wallace dem Spiritismus verfiel, schrieb ihm in einem ungewöhnlich verärgerten Ton: „Ich hoffe, Sie haben Ihr eigenes Kind und das meine nicht allzu gründlich ermordet." Bei der Lektüre des zuvor zitierten Essays, in dem Wallace den menschlichen „Exzeptionalismus" verteidigt, notierte Darwin am Rand: „Nein!!!" Dennoch weiß er sich dem Autor gegenüber höflich zu zeigen: „Wir haben uns gegenseitig niemals die geringste Missgunst gezeigt, obwohl wir in gewissem Sinne Rivalen sind." Tatsächlich war Darwin Wallace zu Dank dafür verpflichtet, dass dieser niemals die Autorschaft der Evolutionstheorie beansprucht hatte – sonst sprächen wir heute vom „Wallacismus" und nicht vom „Darwinismus"!

DARWIN-QUIZ

1. **Wer hatte als Erster die Idee, dass die Lebewesen voneinander abstammen?**

☐ a. Aristoteles
☐ b. Sokrates
☐ c. Platon

2. **Was war das Spezialgebiet von Linné?**

☐ a. Die Paläontologie
☐ b. Die Klassifizierung der Arten
☐ c. Die Philosophie

3. **Wie erklärte Georges Cuvier das Auftauchen der Arten?**

☐ a. Durch Wanderungsbewegungen
☐ b. Durch ihren natürlichen Austausch
☐ c. Durch Katastrophen

4. **Wer hat die erste Gesamttheorie der Evolution der Arten vorgelegt?**

☐ a. Jean-Baptiste de Lamarck
☐ b. Charles Darwin
☐ c. Alfred Russel Wallace

5. **Wer hat als Erstes die Darwinsche Evolutionstheorie zusammengefasst?**

☐ a. Jean-Baptiste de Lamarck
☐ b. Albert Einstein
☐ c. Alfred Russel Wallace

Lösungen:
1a, 2b, 3c, 4a, 5c

Die Fortschreibung der Darwinschen Theorie zum „Sozialdarwinismus" führt zu einer Sicht des Lebens, die den Menschen (den Europäer, ja, den Engländer) an die Spitze einer Hierarchie stellt, die durch das „Gesetz des Stärkeren" gerechtfertigt wird.

DARWIN UND DIE FOLGEN

DER KAPITALISMUS

„Pessimisten und Optimisten, Aristokraten und Demokraten, Individualisten und Sozialisten werden sich über Jahre hinweg bekämpfen und sich dabei Darwinismus-Brocken an den Kopf werfen.“

Célestin Bouglé, Vortrag anlässlich des 100. Geburtstages von Darwin in Cambridge, 1909.

Aus Vorsicht hatte Darwin in *Der Ursprung der Arten* 1859 die Frage nach dem Menschen ausgeklammert. Mehrere Autoren verschiedener Länder (Spencer in den Vereinigten Staaten, Haeckel, dann Gumplowicz in Deutschland, Gobineau und Vacher de Lapouge in Frankreich) wollten diese gewaltige Lücke füllen. Dazu schrieben sie sozusagen einen zweiten, auf unsere Art angewandten Band der Evolutionssaga, wobei jeder sie an seine eigene Geistesströmung anpasste. In den Vereinigten Staaten war Darwin in der zweiten Hälfte des

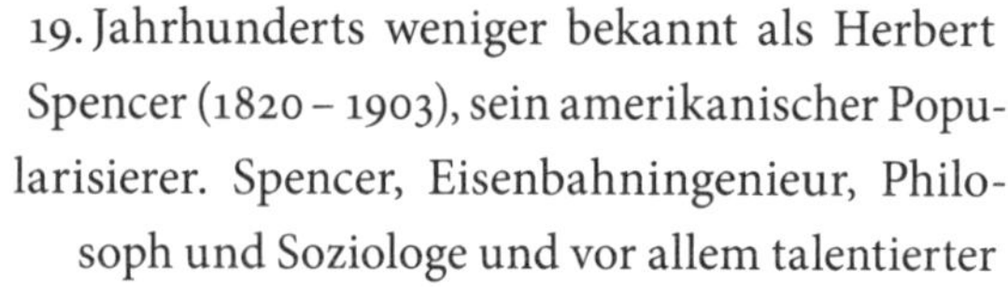

Spencer

19. Jahrhunderts weniger bekannt als Herbert Spencer (1820 – 1903), sein amerikanischer Popularisierer. Spencer, Eisenbahningenieur, Philosoph und Soziologe und vor allem talentierter Vermittler, hatte die Darwinsche Theorie sehr bald verallgemeinert und dabei Konkurrenz und natürliche Selektion auf die Welt der Unternehmen und auf die Politik übertragen. „Die Lehre der Sozialisten, die in psychologischer Hinsicht absurd ist, wäre in biologischer Hinsicht verhängnisvoll“[21], vertrat der Autor, der über ein enzyklopädisches Wissen verfügte und von dessen Werken zwischen 1860 und 1870 mehr als 350 000 Exemplare verkauft wurden. Für Spencer sind die Menschen von Natur aus ungleich, und die Antriebsfeder der sozialen Wirtschaft ist „das Gesetz des Stärkeren“, wie es zwei Jahrhunderte zuvor Thomas Hobbes in seinem *Leviathan* (1651) bekräftigt hatte. So war es Spencer, der die erfolgreiche Wendung „Survival of the Fittest“ lancierte und vor allem den Ausdruck „Evolution“, den er dem Geologen Charles Lyell entliehen hatte, einem Freund Darwins, um ihn an die Stelle des Begriffs der „Abstammung mit Veränderung“ [*descent with modification*] zu setzen, den Darwin eine Zeitlang bevorzugt hatte. Spencer passte Darwins Ideen seinen an und behauptete, dass die Begabtesten Unternehmer würden, die weniger Begabten einfache Arbeiter. Daher sei es abwegig, gegen die Natur zu handeln, indem man den Armen helfe, da die Menschheit weniger unglücklich wäre, wenn man sie daran hindere, sich fortzupflanzen, wie es bereits Malthus geschlussfolgert hatte. Kurz gesagt, hätte Darwin auf diese Weise eine wissenschaftliche Grundlage für den Triumph des Wirtschaftsliberalismus geliefert!

Die Kritik am sozialistischen Ideal und die Verkehrung seiner Grundlagen durch Spencer begeisterten natürlich die großen amerikanischen Kapitalisten wie Rockefeller und Carnegie, die auf diese Weise unter dem Deckmantel der „Biologie“ vom Status von „Ausbeutern“ zu dem von sozialen Vorbildern wechselten, umso mehr als sie auch philanthropische Mäzene waren. Spencer wurde eingeladen, Vorträge in den Vereinigten Staaten zu halten, wo die Industriegiganten dem Apostel der gesellschaftlichen Selektion, der im Namen der natürlichen Selektion die Moral auf ihre Seite gebracht hatte, im Jahr 1882 in New York einen Triumph bereiteten. Verkündete John D. Rockefeller nicht, dass die Expansion der Großunternehmen (durch Eliminierung der kleineren) „keine verwerfliche Tendenz ist; sie gibt nur das Wirken eines Gesetzes der Natur und Gottes wieder“[22]? Es ist festzustellen, dass biologistische Weltsicht nach wie vor den Hintergrund der vorherrschenden Wirtschaftspolitik, des Ultraliberalismus, bildet. Beteuerte nicht Alain Minc, einer seiner französischen Verfechter und Medienstar der Wirtschaft, der „Kapitalismus ist natürlich“? Und während ein solcher Kapitalismus, der aus dem sogenannten „Sozialdarwinismus“ hervorgegangen ist, sich in Nordamerika und anderswo auf der Welt hartnäckig hält, bleibt der wissenschaftliche Darwinismus in die Universitäten verbannt. Die siegesgewisse Weltsicht, die sich daraus ableitet, wird anlässlich amerikanischer Präsidentschaftswahlen offenkundig – zum Beispiel, als Pat Buchanan, republikanischer Kandidat bei den Vorwahlen für die Präsidentschaftskandidatur 1996 rief: „Sie denken sicherlich, Sie stammen vom Affen ab. Ich denke, Sie sind ein Geschöpf Gottes.“

Spencer wusste nicht viel von Biologie, als er 1857 *Progress: Its Law and Cause* veröffentlichte, seinen ersten philosophischen Essay über die Evolution, die seiner Vorstellung nach vor allem eine metaphysische Theorie war. Er war weder ein Wegbereiter noch ein Verteidiger des Darwinismus, wie er behauptet hatte, er blieb letztlich

Die großen Kapitalisten wie Rockefeller glaubten, in Darwins Theorie von der natürlichen Selektion eine wissenschaftliche Rechtfertigung für den Triumph des Liberalismus zu finden.

immer Anhänger von Lamarck. Die andauernde Verwirrung über den „Sozialdarwinismus" – ein spät von den Verleumdern Darwins geschaffener Ausdruck mit stark negativem Beiklang – hat Darwin, der diese Verzerrung seiner Gedanken in seinen Schriften selbst klar verurteilte, großen Schaden zugefügt. In Wirklichkeit war der bürgerliche Darwin, der dank seines Vermögens und dem seiner Frau von Renten lebte, sehr weit von der Vorstellung eines ungezügelten Kapitalismus entfernt. Er konnte Malthus' Argumenten nicht folgen, nach denen man im Hinblick auf sozialen Wettbewerb Bedürftigen bloß nicht helfen sollte – man weiß, dass der ungläubige Darwin sich bereitwillig an den guten Werken seiner Kirchengemeinde beteiligte, die ihn in ihrem Register führte.

In *Der Ursprung der Arten* präzisierte Darwin, dass der Daseinskampf in der Natur sehr viel subtiler ist als das vermeintliche „Gesetz des Dschungels". Vor allem verteidigte er 1871 in *Die Abstammung des Menschen* die genau entgegengesetzte These zu Spencer und den anderen allzu eifrigen Schülern: Seit zweitausend Jahren sei die natürliche Selektion nicht mehr der Motor unserer Gesellschaften, die Kultur habe sie abgelöst. Für ihn unterscheidet sich die Zivilisation von Animalität und Bestialität durch die Tatsache, dass sie ihre schwächsten Vertreter schützt. An die Spitze der belebten Welt und der menschlichen Gemeinschaften setzt er nicht Egoismus und Krieg aller gegen alle, sondern Altruismus, Mitgefühl und moralische Empfindungen. Insgesamt führt die natürliche Selektion bei Spencer zur Zivilisation – während bei Darwin die Zivilisation die natürliche Selektion korrigiert! Patrick Tort, der auf Darwin spezialisierte Philosoph, nennt das den „Gegeneffekt der Evolution“[23].

Darwin schloss das letzte Kapitel seines zweiten großen Werkes mit den folgenden unmissverständlichen und ausnahmsweise sozial engagierten Worten:

> *„Denn die moralischen Eigenschaften sind entweder direkt oder indirekt viel mehr durch die Wirkung der Gewohnheit, durch die Kraft der Überlegung, Unterricht, Religion usw. fortgeschritten, als durch die natürliche Selektion, obschon diesem letzteren Faktor sicher die sozialen Instinkte zugeschrieben werden können, die die Grundlage für die Entwicklung des moralischen Gefühls gebildet haben.“*[24]

Nun wird diese wohlbekannte Aussage, die ausgesprochen erhellend ist, um den Darwinismus vom vermeintlichen „Sozialdarwinismus“ zu unterscheiden, von manchen Kritikern Darwins weggelassen, insbesondere von dem marxistischen Historiker der Biowissenschaften André Pichot[25]. Kurz: Die „Darwinkriege“ werden weiter in Gang gehalten, unabhängig von der ideologischen Front.

Allerdings stimmt es, dass Darwin 1845 in der zweiten Auflage seiner *Reise eines Naturforschers um die Welt* notiert hatte: „Die Menschen scheinen aufeinander auf dieselbe Weise zu reagieren wie die anderen Tierarten, der Stärkere zerstört immer den Schwächeren." Diese Worte verstehen sich als eine bedauernde Feststellung – die Folge ist aus der Feder des Autors unmissverständlich – und nicht als Wunsch. Wenn er auch manche Sorgen über die Gewalttätigkeit menschlicher Gesellschaften teilt, die man heute als „realistisch" bezeichnen würde, so ist es unsinnig, aus Darwin einen Wegbereiter von Hitler zu machen, ihn als den Vater des „Sozialdarwinismus", oder auch nur als einen seiner Vertreter, anzusehen. Denn er hat sich offen gegen jede Form von gesellschaftlichen Zwangsmaßnahmen künstlicher Selektion gestellt.

DIE EUGENIK

„Wer auch immer sich schon mit der Fortpflanzung von Haustieren beschäftigt hat, weiß zweifelsfrei, wie sehr die Erhaltung der schwachsinnigen Wesen schädlich für die menschliche Rasse sein muss."

Charles Darwin, *Die Abstammung des Menschen*, 1871.

Herbert Spencer wollte der natürlichen Selektion in unseren Gesellschaften ihren Lauf lassen, auch wenn nur die Begabtesten die Oberhand haben und sich fortpflanzen, während die weniger Tauglichen scheitern und verkümmern. Francis Galton (1822 – 1911), ein Cousin von Darwin und begeistert von *Der Ursprung der Arten*, schloss daraus vielmehr die Notwendigkeit eines geplanten Eingreifens, war er doch der Ansicht, dass die natürliche Selektion den Prozess der Zivilisierung nicht beeinflussen würde: Dem Geografen und brillanten Statistiker ging es darum, die menschliche Spezies zu verbessern, indem man sich Selektion nach den wissenschaftlichen Gesetzen der Genetik zunutze machte. 1883 nannte er diese Wissenschaft, die darauf abzielt, nicht nur die Erbeigenschaften zu verbessern, sondern auch die mangelhaften Erbträger, die dieses Vorhaben behindern, zu eliminieren, „Eugenik" (griechisch für „gut geboren"). Für Galton, einen erklärten Rassisten, waren die biologischen Erbgesetze, die seiner Ansicht nach durch die Anthropometrie bestätigt wurden, die einzigen, die in einer endlich von Aberglauben befreiten Gesellschaft befolgt werden sollten[26].

Galton

Über die verwandtschaftlichen Beziehungen zwischen Darwin und Galton hinaus haben die Anhänger der Eugenik sich bemüht, ihre Nähe zum wissenschaftlichen Darwinismus offiziell zu festigen: 1911, nach Galtons Tod, gelang es den Mitgliedern der ein paar Jahre zuvor im Jahre 1907 gegründeten Eugenics Education Society, den Sohn von Charles, Leonard Darwin, davon zu überzeugen, Präsident der Gesellschaft zu werden. Zu dieser Zeit begriff sich die Eugenik selbst als eine Bewegung, die gesundheitlichen und gesellschaftlichen Fortschritt anstrebte, was ihren Erfolg in vielen Ländern erklärt. Wenn diese Wissenschaft auch ursprünglich nicht in Verbindung mit einer bestimmten politischen Ausrichtung stand, abgesehen davon, dass sie gelegentlich einer sozialistischen Sichtweise entsprach, so griffen manche Staaten auf sie zurück, als sie auf dem Gebiet öffentlicher Gesundheit aktiv werden mussten. Dabei trieben manche das Prinzip der Selektion innerhalb der Bevölkerung zum Äußersten,

Darwin kritisierte die Eugenik als Anwendung der natürlichen Selektion auf den Menschen mit dem Zweck, ihn zu verbessern.

sodass wir die Eugenik heute mit dem Nationalsozialismus assoziieren. Aber nicht das gesamte Erbe ist so problematisch, und manche Aspekte haben zu einem gesetzlichen Rahmen geführt – wie auf dem Gebiet der Medizin die heute normal gewordene Pränataldiagnose – und sind von wissenschaftlicher, sozialer, politischer und kultureller Bedeutung.

War Darwin Eugeniker?[27] Darwin war genial, aber er war ebenso ein Mann seiner Zeit. Natürlich hat er sich für Galtons Positionen interessiert und sich bemüht, in *Die Abstammung des Menschen* (5. Kapitel) die Einwirkung der „natürlichen Zuchtwahl […] auf zivilisierte Völker“ zu analysieren: „Unter den Wilden werden die an Körper und Geist Schwachen bald eliminiert; die Überlebenden sind gewöhnlich von kräftigster Gesundheit. Wir zivilisierten Menschen dagegen tun alles mögliche, um diese Ausscheidung zu verhindern. Wir bauen Heime für Idioten, Krüppel und Kranke. Wir erlassen

Armengesetze, und unsere Ärzte bieten alle Geschicklichkeit auf, um das Leben der Kranken so lange als möglich zu erhalten. […] Infolgedessen können auch die schwachen Individuen der zivilisierten Völker ihre Art fortpflanzen."[28] Gewiss, in unserer Zeit können die Nuancen bei Darwin schwierig zu erfassen sein – da die Grenzen zu Rassismus und Eugenik nach dem Holocaust sehr viel schärfer verlaufen und die Begriffe anders geprägt sind. Wenn manche seiner Äußerungen heute, losgelöst von ihrem Kontext, beunruhigend wirken, so hat Darwin sich doch klar gegen das gestellt, was wir „Sozialdarwinismus" nennen (ein 1880, zwei Jahre vor Darwins Tod, erschienener Ausdruck aus der Feder des Franzosen Émile Gautier), und er hat sich von der „Eugenik" (dem ein Jahr nach seinem Tod geschaffenen Begriff) abgegrenzt. Mit der Veröffentlichung von „Die Abstammung des Menschen" distanzierte sich Darwin von dem, was er schließlich als Verzerrung der Gedanken ansah, die er in *Der Ursprung der Arten* zum Ausdruck gebracht hatte. Von dieser Entwicklung war er umso stärker peinlich berührt, als Francis Galton mit ihm verwandt war und er dessen ursprüngliche These durchaus teilte. Was die daraus hervorgehenden Vorschläge für gesellschaftliche Zwangsmaßnahmen betraf, kam er zu dem Schluss, dass ein Moralgefühl notwendig sei: „Folglich müssen wir die unbestreitbar schlechten Auswirkungen des Überlebens der Schwachen und der Ausbreitung ihrer Natur ertragen." Wie hätte er – anders als André Pichot es behauptet[29] und Patrick Tort es nahelegt[30] – die eugenische Überzeugung seines Cousins teilen können, er, der große Kranke, Sohn einer Mutter, die aus einer Verwandtenehe hervorgegangen war, Mann einer Cousine ersten Grades, Vater, dem drei Kinder sehr früh gestorben waren, darunter wahrscheinlich eines mit Downsyndrom? Seine Mutter starb, als er noch ein Kind war, und sie war eine Wedgwood – eine mit der Medizinerfamilie Darwins eng verbundene Familie von Keramikherstellern – und seine Frau ebenfalls: Charles Darwin hatte 1839 geheiratet, ohne diesen geschlossenen Kreis zu verlassen, und er zeigte sich zu Recht sehr besorgt über diesen Atavismus, der ihn für die Probleme des Erbguts sensibilisiert hatte.

Die Passage aus *Die Abstammung des Menschen*, die am häufigsten zitiert wird, um ihren Autor als „Rassisten" zu qualifizieren, lautet:

„Wer einen solchen Wilden in seinem Heimatlande gesehen hat, wird sich gerade nicht zu sehr schämen, wenn er gezwungen wird, zuzugeben, daß Blut von irgend einem niederen Geschöpf in seinen Adern fließt. Was mich betrifft, so will ich lieber von jenem heroischen kleinen Affen abstammen, welcher seinen Todfeind anfiel, um das Leben seines Wärters zu retten, oder von jenem alten Pavian, welcher vom Berge herabkam, um seinen kleinen Kameraden im Triumph aus einem Haufen bestürzter Hunde hinwegzutragen, als von einem Wilden, welcher ein Vergnügen daran findet, seine Feinde zu martern, blutige Opfer darbringt, den Kindermord ohne Gewissensbisse übt, sein Weib als Sklavin behandelt, keine Scham kennt und durch den gröbsten Aberglauben geängstigt wird."[31]

Er schließt das Werk folgendermaßen: „Man kann den Menschen entschuldigen, wenn er einigen Stolz fühlt, daß er, wenn auch nicht durch eigene Anstrengung, in Wahrheit die höchste Stufe der organischen Stufenleiter erstiegen hat, und der Umstand, daß er sie erstiegen, anstatt von Anfang an auf sie gestellt zu sein, kann ihm Hoffnung geben, daß in ferner Zukunft ihm eine noch höhere Bestimmung vorbehalten ist. Wir haben es hier aber nicht mit Hoffnungen und Befürchtungen zu thun, sondern nur mit der Wahrheit, soweit unsere Vernunft ausreicht, sie zu entdecken, und ich war nach besten Kräften bemüht, Beweise zu geben. Wir dürfen aber, wie es mir scheint, uns der Überzeugung nicht verschließen, daß der Mensch mit allen seinen edlen Eigenschaften, mit seiner Sympathie, welche er für den Geringsten fühlt, mit seinem Wohlwollen, welches sich nicht nur auf Menschen, sondern auch auf die niedrigste lebende Kreatur erstreckt, mit seinem gottähnlichen Intellekt, welcher die Bewegungen und den Bau des Sonnensystems erforscht hat – mit all diesen herrlichen Kräften – dennoch immer noch an seinem Körper die unleugbaren Spuren seiner niederen Abkunft trägt."[32]

Dieser Stil ist für den Geist des viktorianischen Zeitalters keine Ausnahme, aber Darwins Schlüsse in diesem Werk sind fortschrittlich, wie es übrigens sein eigenes Leben bezeugt: Die Hilfe für die Schwächsten verstand er als eine zivilisatorische Errungenschaft.

DER NATIONALSOZIALISMUS

„Der Darwinismus ist alles Andere eher als socialistisch."

Ernst Haeckel, *Freie Wissenschaft und freie Lehre, eine Entgegnung auf Rudolf Virchow's Münchener Rede*, 1878, S. 73.

Aus dem Darwinismus gingen mehrere Ideologien hervor, die die Welt erschütterten.

Wie der Engländer Herbert Spencer in den Vereinigten Staaten gelangte der Deutsche Ernst Haeckel (1834 – 1919) in Europa zu größerer Berühmtheit als Darwin, von dem er inspiriert worden war. Der Arzt, Professor für vergleichende Anatomie an der Universität Jena und Philosoph, wurde zum Schüler Darwins, nachdem er ihn 1866 in England besucht hatte. Der ausgezeichnete Kommunikator

Haeckel wird im selben Jahr zum Schöpfer des Begriffs „Ökologie". Fasziniert von den Entdeckungen der Biologie und Embryologie, arbeitet er eine „Rekapitulationstheorie" aus, nach der die Embryonalentwicklung einer bestimmten Spezies oft die im Laufe der Evolution erworbenen Eigenschaften reproduziert, was den Darwinismus untermauert: Das Embryo eines Bartenwals hat Zähne, und ein Walfisch bewahrt unter der Haut seiner Flossen die Knochenrelikte der Vorderpfoten seiner Vorfahren – alles Eigenschaften, die auf deren Vergangenheit an Land verweisen. Haeckel wird als Erster einen Evolutionsstammbaum entwerfen und die Ansicht vertreten, dass der prähistorische Mensch, dessen Knochen 1856 gerade entdeckt worden waren (und der später als Neandertaler anerkannt wurde), das „fehlende Kettenglied" zwischen Affe und Mensch darstellt. Dagegen platzierte er, noch waghalsiger als Spencer in seinen Schlussfolgerungen, den schwarzen Menschen zwischen den Großaffen

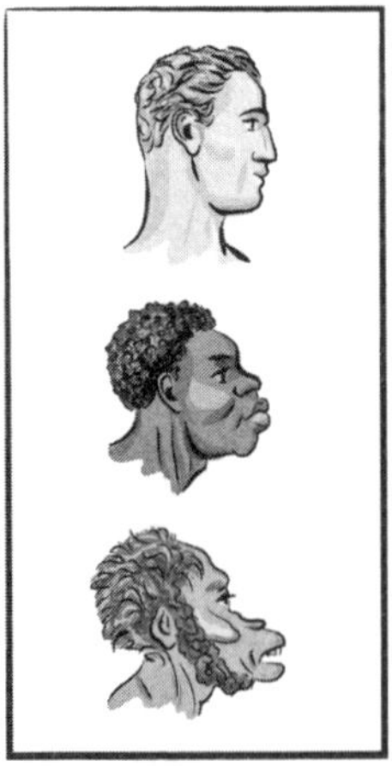

Für Haeckel ist die Überlegenheit der weißen Rasse eine wissenschaftliche Gegebenheit.

und den weißen Menschen. Haeckel, ein Fachmann für Schwämme und Quallen, war ein anerkannter Wissenschaftler, dem man schwer widersprechen konnte, auch wenn er durch sein Forschungsthema keine große Kompetenz in der menschlichen Entwicklungsgeschichte bewiesen hatte.

Ernst Haeckel, der Politik für angewandte Biologie hielt, übte in der ersten Hälfte des 20. Jahrhunderts unbestreitbaren Einfluss auf nationalsozialistische Denker aus, umso mehr, als er die Indogermanen als überlegene Rasse beschrieben hatte und Mitglied des Alldeutschen Verbandes war. Als Pionier der deutschen Eugenik und Verfechter des Übermenschen hatte er schließlich eine Karikatur des „Sozialdarwinismus" entworfen, indem er die Ansicht vertrat, die Evolutionstheorie liefere den Beweis für die Ungleichheit zwischen den Menschen. Als Gegner des Papsttums zog er aus dem Darwinschen philosophischen Materialismus auch einen Antiklerikalismus, der zu der toleranten Haltung Darwins im Gegensatz stand, den später aber Kommunisten wie Nationalsozialisten gleichermaßen beanspruchen sollten.

Durch die Wirkung außergewöhnlicher Popularisierer war die Evolutionstheorie also gleichermaßen zur Matrix nordamerikanischer Industriekapitäne geworden wie des sowjetischen Helden und des arischen Übermenschen. Tatsächlich war die wissenschaftliche Entdeckung Darwins, ihre Antworten auf die Fragen nach der Herkunft des Menschen so überzeugend, dass sie, von England ausgehend, Nordamerika und andererseits Europa eroberte – und so besonders gefährliche und verhängnisvolle gesellschaftliche Manifestationen des „Kampfs um Dasein" hervorbrachte.

In Frankreich gab es ebenfalls Vorläufer des biologischen Rassismus, wie den Schriftsteller Joseph Arthur de Gobineau (1816–1882) und den Anthropologen Georges Vacher de Lapouge (1854–1936), die von nationalsozialistischen Theoretikern bewundert wurden. Ludwig Gumplowicz (1838–1909) wiederum, Jude polnischer Herkunft und Universitätslehrer im österreichischen Graz, wird nicht nur als einer der Begründer der Soziologie angesehen, sondern auch als einer der wesentlichen Theoretiker eines „Sozialdarwinismus“, der strikt die sogenannten „Natur“-Gesetze anwendet – zu einer Zeit, als die im Entstehen begriffenen Humanwissenschaften durch Rasseuntersuchungen vor allem mittels Schädelmessungen zu den Biowissenschaften beitragen wollten. Sein Werk *Der Rassenkampf* von 1893 hat bei den germanischen Anhängern der arischen Überlegenheit starken Einfluss ausgeübt.

All diese Arbeiten, die die Gesetze der Evolution auf menschliche Gesellschaften anzuwenden versuchten, trugen dazu bei, die Grenzen zwischen Darwinismus und „Sozialdarwinismus“ zu verwischen, und der Widerhall, den sie bei den Theoretikern des Pangermanismus und des Nationalsozialismus fanden, hat die Kritik natürlich bis zum heutigen Tag noch verschärft.

DAS GESETZ DES STÄRKEREN

„Das Leben ist nichts als ein ständiges Wetteifern, ausgenommen sind die eingeschränkten und zeitweiligen Familienbeziehungen; der von Hobbes erwähnte Kampf zwischen den Menschen ist in Wirklichkeit der Normalzustand des Lebens.“

Thomas Huxley, *Zeugnisse für die Stellung des Menschen in der Natur*, 1863.

Da der Verfasser von *Der Ursprung der Arten* Kontroversen aus dem Weg ging, war es sein Freund Thomas Henry Huxley (1825 – 1895), ein sehr begabter Wissenschaftler und glühender Verteidiger seiner The-

Die Eliminierung der Schwachen durch den Triumph des „Gesetzes des Stärkeren“: eine von Darwins präzisen Aussagen weit entfernte Vorstellung Huxleys.

orie, der 1860 in einer berühmten Debatte Bischof Samuel Wilberforce die Stirn bot. Huxley, der sechzehn Jahre jünger war als Darwin, wurde von nun an „Darwins Bulldogge“ genannt; er soll bei der Lektüre von dessen Werk ausgerufen haben: „Wie konnte ich nur so dumm sein und daran nicht denken!“. Der „Soldat der Wissenschaft“, als den er sich selbst sah, bewies später in seinen Schriften und Vorträgen die heute unbestrittene Tatsache, dass wir Säugetiere und Primaten sind. Nach Darwins Tod veröffentlichte er einen beachteten Essay mit dem Titel *Struggle for existence and its bearing upon man*[33]. Aber er beharrte sehr viel stärker als Darwin auf dem Wettbewerb und befürwortete die Eliminierung der Schwachen und „das Gesetz des Stärkeren“, eine fehlgeleitete Sicht, die Darwin bereits in *Die Abstammung des Menschen* hatte korrigieren müssen.

Trotz all dem, was seine heutigen Bewunderer dazu sagen, um Darwin freizusprechen[34], hatte dieser sehr wohl ein Missverständnis entstehen lassen, indem er der ersten Auflage seines Hauptwerkes den Titel gab: *Die Entstehung der Arten im Thier- und Pflanzen-Reich durch natürliche Züchtung oder Erhaltung der vervollkomneten Rassen im Kampfe um's Daseyn durch natürliche Züchtung oder Erhaltung der vervollkomneten Rassen im Kampfe um's Daseyn*[35]. Der zweite Teil des Titels wurde später revidiert, aber er verdeutlicht, dass das Werk, über das häufig um der Zuspitzung willen vereinfachend und konfrontativ gesprochen wird, vielen seiner Bewunderer ein Monument zur Verherrlichung des „Gesetzes des Dschungels“ zu sein schien. Die oft zu Übertreibungen neigenden Schüler – ein in der Ideengeschichte verbreitetes Phänomen – haben bewirkt, dass vom wesentlich gemäßigteren Darwinschen Denken nur festgehalten wird, dass der einzige Antrieb der Evolution der Wettbewerb sei. Darwin muss sich dieser Quelle der Konfusion bewusst gewesen sein, denn in den folgenden Auflagen hat er den Begriff des „Krieges der Natur“ abgeschwächt und erst durch „Kampf der Natur“ und schließlich durch „Kampf ums Dasein“ ersetzt.

Die wesentliche Kritik eines hartnäckigen Gegners Darwins, des auf Französisch schreibenden russischen Soziologen Jacques Novicow (1849 – 1912), bestand darin, die Verteidigung des Wettbewerbs, der Selektion und des Krieges aller gegen alle anzuprangern. Indem er einem seiner Bücher den Titel *La Critique du darwinisme social* gab (erschienen 1910), zeigte er, dass er sich um Nuancen nicht kümmerte. Er war Gegner des Sozialismus und forderte angesichts dieses Kampfes ums Dasein, hier verstanden als einen Aufruf zum Töten, die Werte der Solidarität, der Zusammenarbeit und gegenseitiger Hilfe ein. Wir werden im nächsten Kapitel sehen, dass die Marxisten denselben Vorwurf erhoben und denselben Vorschlag vorbrachten.

Die Idee des notwenigen Kampfes in tierischen und menschlichen Gesellschaften kam dabei nicht erst mit Darwin auf und auch nicht mit dem „Sozialdarwinismus“. 1749 hatte Linné geschrieben[36]: „Der Mensch ist denselben Naturgesetzen unterworfen [wie die Tiere] und vielleicht gehen die Kriege dort, wo die Bevölkerung der Menschen zu groß ist, aus einem Naturgesetz hervor. […] Es scheint, dass dort, wo die Bevölkerung viel zu stark wächst, Eintracht und Lebensunterhalt abnehmen, während Neid und Bösartigkeit zwischen Nachbarn zunehmen. Das ist also der Krieg aller gegen alle." Die Idee und die Bezeichnung „Existenzkampf" sind übrigens sehr alt, sie blühen seit den Griechen der Antike; Thomas Hobbes (1588 – 1679) und Autoren des 17. und 18. Jahrhunderts beziehen sich oft darauf, aber bei Buffon, Linné, Lyell und vor allem Malthus hat der Ausdruck eine grausamere Bedeutung angenommen, bei der die Vorstellung von einer göttlichen Harmonie an Bedeutung verliert und die der Umwälzungen der Welt zunimmt.

Auch Sigmund Freud (1856 – 1939) war fasziniert von der Darwinschen Revolution, die er in seine Weltsicht zu integrieren versuchte. Zum Beispiel wird die Hypothese von der primitiven Horde, die Darwin in *Die Abstammung des Menschen* geäußert hat, in der vieldiskutierten Freudschen Theorie vom Vatermord durch junge Männchen eines Clans, die sich der Weibchen bemächtigen wollen, ausgeführt[37]. Das Hinterfragen der privilegierten Stellung unserer Art, die keine Schöpfung Gottes und auch keine erwählte Art der Natur mehr ist, identifiziert Freud als „narzisstische Kränkung". Interessanterweise bemüht er die Biologie, um die menschlichen Gesellschaften zu erklären,

Das Unterbewusstsein leitet unsere Gedanken: Eine Revolution, die nach Freud ebenso bedeutend ist wie das Darwinsche Denken.

Kopernikus hat dem Menschen seine erste geistige Verletzung zugefügt: Die Erde – und folglich der Mensch – steht nicht im Mittelpunkt des Universums.

während seine Schüler sich dem widersetzen werden.[38] Nachdem Kopernikus bewiesen hat, dass die Erde nicht der Mittelpunkt des Universums (Geozentrismus) ist, und Darwin, dass der Mensch nicht das Ziel der „Schöpfung" (Anthropozentrismus) ist, beweist der Begründer der Psychoanalyse, dass nicht die Vernunft, sondern das Unbewusste Zentrum unseres Denkens ist[39]: Er sah sich also bescheiden als der dritte große Revolutionär der Ideen![40] Interessanterweise findet man bei Sigmund Freud in dem, was er „Todestrieb" genannt hat, einerseits, dann nach seinen Auseinandersetzungen mit den Nazis andererseits jene negative Sicht der menschlichen Natur, die Darwin unwillentlich verbreitete und von der die Zeit zwischen den beiden Weltkriegen tief durchdrungen war.

DARWIN-QUIZ

1. **Mit wem hat Thomas Huxley, der den Spitznamen „die Bulldogge Darwins“ trug, in einer berühmten Auseinandersetzung über die Evolutionstheorie debattiert?**

☐ a. Pjotr Kropotkin
☐ b. Herbert Spencer
☐ c. Bischof Samuel Wilberforce

2. **Wer ist der Erfinder des „Sozialdarwinismus“, das heißt der Theorie vom gesellschaftlichen Wettstreit?**

☐ a. John D. Rockefeller
☐ b. Charles Darwin
☐ c. Herbert Spencer

3. **Für Darwin ist Zivilisation**

☐ a. die Beherrschung der Schwächsten durch die Stärksten
☐ b. der Schutz ihrer schwächsten Vertreter durch Nächstenliebe und Mitgefühl
☐ c. die Allmacht von Egoismus und der Krieg aller gegen alle

4. **Wie lautet der Name des Cousins von Darwin, der die Eugenik begründet hat?**

☐ a. Francis Galton
☐ b. Herbert Spencer
☐ c. Thomas Huxley

Lösungen:
1c, 2c, 3b, 4a

SOZIALISMUS UND KOOPERATION

DER MARXISMUS

„Was die Leute nicht verstehen: Die Evolutionstheorie ist nicht starr, sie entwickelt sich. Ganz allgemein ist Wissenschaft nicht starr."

François Jacob, „Éloge du darwinisme", *Magazine littéraire*, März 1999.

Das viktorianische Zeitalter, angeführt von England, war das Zeitalter der Verherrlichung des Fortschritts in Europa und Nordamerika. Die westliche Zivilisation ließ Wirtschaft, Technik, Handel, Kolonialismus und Krieg triumphieren und begünstigte den unmittelbaren Erfolg von *Der Ursprung der Arten* und seiner Interpretationen. Diese stützten sich auf die Aneignung der Darwinschen Theorie durch Ideologien, die die Dominanz unserer Art verherrlichten. Der daraus hervorgegangene „Sozialdarwinismus" wird heute heftig kritisiert, weniger bekannt aber sind die spannungsreichen Beziehungen zwischen Darwinismus und Sozialismus. Tatsächlich wurde die industrielle Expansion begleitet von einer sozialen Krise, die von der Proletarisierung eines Teils der Bevölkerung und von Aufständen und der Entstehung von Arbeiterbewegungen geprägt war. Konnte der Liberalismus unter dem Einfluss von Herbert Spencer die Darwinsche Botschaft sofort übernehmen und sie sich dienstbar machen, so bewirkte die Verwechslung von Darwinismus mit Kapitalismus am Ende die Zurückweisung der Darwinschen Ideen durch die Theoretiker des Sozialismus.

Dabei war *Der Ursprung der Arten* gleich nach Erscheinen auf Begeisterung bei Friedrich Engels (1820 – 1895) gestoßen, der sich schon 1859 gegenüber Karl Marx dazu äußerte: „Übrigens ist der Darwin, den ich jetzt grade lese, ganz famos. Die Teleologie war nach einer Seite hin noch nicht kaputt gemacht, das ist jetzt geschehn. Dazu ist bisher noch nie ein so großartiger Versuch gemacht worden, historische Entwicklung in der Natur nachzuweisen, und am wenigsten mit solchem Glück."[41] Was Karl Marx (1818 – 1883) in einer Antwort an Engels Ende des darauffolgenden Jahres mit seiner ihm eigenen Überheblichkeit anerkannte: „Obgleich grob englisch entwickelt, ist dies das Buch, das die naturhistorische Grundlage für unsere Ansicht enthält."[42] Er nahm Kontakt zu Darwin auf und schickte ihm sein Hauptwerk, *Das Kapital*, Darwin aber gab die Lektüre auf, wie es das ihm gewidmete Exemplar beweist, von dem nur 105 von 822 Seiten aufgeschnitten

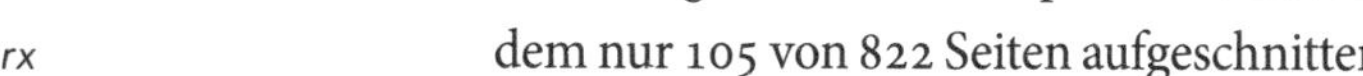

Marx

Die Reduzierung der Evolutionstheorie auf den Daseinskampf hat Marx dazu gebracht, Darwin abzulehnen; dessen Gedankengebäude war jedoch differenzierter.

wurden. Marx hat Darwin nicht vorgeschlagen, ihm die englische Übersetzung von *Das Kapital* zu widmen, wie man lange glaubte, aber er schrieb seinem Freund Ferdinand Lassalle 1861: „Sehr bedeutend ist Darwins Schrift und paßt mir als naturwissenschaftliche Unterlage des geschichtlichen Klassenkampfes."[43] Und Engels wird 1883 in seiner Trauerrede auf Marx nicht zögern, die beiden Theoretiker zu vergleichen: „Wie Darwin das Gesetz der Entwicklung der organischen Natur, so entdeckte Marx das Entwicklungsgesetz der menschlichen Geschichte."[44]

Gleichwohl ließen es sich die beiden Autoren des Kommunistischen Manifests (1848) nach ihrem ersten Beifall zur Darwinschen Erklärung der Herkunft des Lebens, die jede göttliche Schöpfung ausschloss, nicht nehmen, sie kritisch zu betrachten, da sie über die Behandlung des Begriffs der Konkurrenz stolperten, der für Sozialisten schwer hinzunehmen war. Marx ging mit seinem ehemaligen

Idol schwer ins Gericht. Zehn Jahre nach der Veröffentlichung von *Der Ursprung der Arten* unterschied Marx den Wissenschaftler Darwin von seinen aggressivsten Nachahmern, die er politisch bekämpfte: „Darwin wurde von dem Existenzkampf in der englischen Gesellschaft – dem Krieg aller gegen alle – dazu angeregt, den Kampf ums Dasein als das herrschende Gesetz des tierischen und pflanzlichen Lebens zu entdecken. Der Darwinismus dagegen betrachtet dies als einen entscheidenden Grund für die menschliche Gesellschaft, sich niemals von ihrem tierischen Wesen zu emanzipieren."[45] Man sieht, wie die Vermischung von Darwinismus und dem Kampf „aller gegen alle" entsteht, was auf das Gesetz des Dschungels hinausläuft! 1875 zeigte Engels sich hinsichtlich der Vorgehensweise von Darwin reservierter: „Ich akzeptiere von der Darwinschen Lehre die Entwicklungstheorie, nehme aber D[arwin]s Beweismethode (struggle for life, natural selection) nur als ersten, provisorischen, unvollkommenen Ausdruck einer neuentdeckten Tatsache an."[46] Sicher hatte er *Die Abstammung des Menschen* nicht gelesen, die Darwin unterdessen veröffentlicht hatte.

Tatsächlich hatte Marx schon 1862 in einem Brief an Engels bissige Kritik geäußert: „Es ist merkwürdig, wie Darwin unter Bestien und Pflanzen seine englische Gesellschaft mit ihrer Teilung der Arbeit, Konkurrenz, Aufschluß neuer Märkte, ‚Erfindungen' und Malthusschem ‚Kampf ums Dasein' wiedererkennt."[47] Dieser Kommentar verspottet nicht nur die konservative viktorianische Gesellschaft, sondern macht aus der Theorie Darwins auch eine Übertragung des gesellschaftlichen Zustands auf die Mechanismen der Natur. Durch eine Umkehrung der Argumentation, nach der die durch die Evolutionstheorie nachgewiesenen Naturgesetze auf die Gesellschaft anwendbar sein müssten, diente der Angriff dazu, Darwin als einen Verteidiger der bestialischen Grausamkeit in den menschlichen Gesellschaften anzuprangern. Der Angriff ist besonders ungerecht, da

Darwin sich in seinen Schriften für einen aktiven Humanismus und eine Milderung der Sitten einsetzte. Das Argument basierte auf Unverständnis, wirkte aber überzeugend genug, um von zahlreichen Widersachern Darwins aller Seiten aufgenommen und fortgeführt zu werden. Dabei weiß man, dass der Vater der Evolution weniger Geschäftemacher, weniger von sich selbst eingenommen, weniger rassistisch, sexistisch oder kolonialistisch war als die meisten seiner Zeitgenossen. Darwin ist tatsächlich das Gegenteil eines Ideologen und eines Politikers: Er ist Wissenschaftler und Humanist. Man weiß, dass er bei der gesellschaftlichen Interpretation seiner Theorie über die natürliche Selektion zurückhaltend war. Das war nicht einfach angesichts des Drucks seiner eifrigsten Schüler, die ihn für ihre Sache gewinnen wollten, um damit die Überlegenheit des zivilisierten weißen Mannes über den Rest der Welt zu belegen. Ihrer Ansicht nach hätte ihre Sache auch die seine sein müssen, auch wenn sie sich uneins waren! Darwin hat sich von diesen Fortschreibungen immer ferngehalten, auch wenn er einige der fortschrittlichen oder in Richtung der Eugenik gehenden Meinungen mancher seiner Schüler geteilt hat. Er selbst stellte unsere Spezies nie an die Spitze der Evolution, wie es all die Viktorianer taten und wie es noch immer die meisten unserer Zeitgenossen tun, im Glauben, die Überlegenheit unserer Art sei eine wissenschaftliche Wahrheit und kein Werturteil …

Die von Engels und Marx angestoßene Debatte über die vom Darwinismus gestellten Grundsatzfragen lenkte die sozialistischen Überzeugungen dauerhaft. Anlässlich der 50. *Versammlung Deutscher Naturforscher* 1879 gerieten die größten Wissenschaftler über die politische Bedeutung der Evolution aneinander: Rechtfertigt der Darwinismus die gesellschaftlichen Ungleichheiten oder ermöglicht er die Förderung des Sozialismus? Da, wo Ernst Haeckel die Ansicht vertrat, „Sozialismus und Darwinismus vertragen sich wie Feuer und Wasser“, urteilte Rudolf Virchow, dass Darwinismus und Sozialismus ineinander übergingen, da ersterer sozialen Fortschritt ermögliche. Aber was dachte der Hauptbeteiligte darüber? Der moderate Darwin, dem eine aufs menschliche Gemeinwesen angewandte Interpretation seiner wissenschaftlichen Entdeckungen fremder war als das bei seinen Schülern der Fall war, wunderte sich in seiner Studierklause über die hitzige und parteiische Debatte, die ihm unbegründet schien: „Was für eine dumme Idee scheint in Deutschland über die Beziehungen zwischen Sozialismus und Evolution durch natürliche Selektion vorzuherrschen!“[48] Was die Sozialisten betraf, so stellten sie sich aus Prinzip gegen das, was man von nun an als „Sozialdarwinismus“ bezeichnen sollte.

DER LYSSENKOISMUS

> *„Wawilow, der berühmteste Vertreter der klassischen Genetik, musste – wie viele andere seiner Kollegen – in einem Verlies ohne Licht und Nahrung vegetieren.“*
>
> Denis Buican, *L'Évolution. La grande aventure de la vie*, 1995, S. 139.

Die aus dem Darwinismus entstandenen Strömungen in Westeuropa haben in Russland eine besonders dramatische Entwicklung genommen. Der an der Spitze der jungen Sowjetunion stehende Lenin war ein großer Bewunderer des Freidenkers Ernst Haeckel, der Darwin in Deutschland entdeckt hatte: In *Materialismus und Empiriokritizismus* (1908) zitiert er beide mehrmals als Begründer der materialistischen Erklärung der belebten Welt, die seinen Antiklerikalismus bestärkte und eine wissenschaftliche Grundlage für seine politischen Überzeugungen lieferte. Stalin, der dem Atheismus ebenfalls ganz ergeben war, der aber über keinerlei wissenschaftliche Bildung ver-

Lyssenko war Anhänger eines Sozialismus, in dem allein die Bildung das Schicksal der Menschen verbessern kann. In einer Sowjetunion, die damals Lamarck aufwertete, weil er dem Erworbenen den Vorrang gegenüber dem Angeborenen einräumte, führte Lyssenko hin zur Vernachlässigung Darwins und der Forschung zur Genetik.

fügte, machte keinen Unterschied zwischen Lamarckismus und Darwinismus, wie es seine Artikelserie mit dem Titel *Anarchismus oder Sozialismus?* 1906 offenbart. Vor allem wird für diese vereinfachenden Sozialisten das Schicksal der Menschen allein durch die Bildung verbessert. Indem sie auf diese Weise jeglichen vererbbaren Einfluss auf soziale Verhaltensweisen leugnen, erkennen sie das Angeborene Darwins nicht an und berücksichtigen nur das von Lamarck postulierte Erworbene, als würde sich beides nicht beim Menschen wie bei den Tieren vermischen.

Als Stalin an die Macht gekommen war, förderte er ab 1929 die von Trofim Denissowitsch Lyssenko (1898 – 1976) gepriesenen Experimente zur Modifizierung von Weizen durch Veränderung der Umgebungsbedingungen, um auf diese Weise die landwirtschaftlichen Erträge zu steigern. Lyssenko, ein einfacher Landwirtschaftstechniker, aber ein skrupelloser politischer Karrierist, wurde im Jahr darauf zum Helden der Sowjetunion erhoben, da er den totalitären Herrscher des Landes davon überzeugt hatte, dass der Darwinismus und damit die sich gerade stark weiterentwickelnde Genetik bourgeois und kapitalistisch seien: Die – vor allem angelsächsischen – Vererbungswissenschaften widersprachen seiner Ansicht nach dem sowjetischen

Marxismus, der eine von Atavismen befreite Gesellschaft zum Ziel hatte. In einer Logik, die den Umgebungsbedingungen große Bedeutung beimaß, also stark neolamarckistisch war, versprach Lyssenko Stalin, die damals herrschenden Hungersnöte durch Vernalisation des Winterweizens zu besiegen, das heißt, indem er den Lebenszyklus der Pflanze durch Kältebehandlung umgestaltete. Obwohl er die erwarteten Ergebnisse nie erzielte und die Hungersnöte mit Millionen Toten endeten, wurde er auf dem 2. Kongress der Kolchosaktivisten 1935 von Stalin mit einem „Bravo, Genosse Lyssenko, bravo!" bedacht.

Die in den 1930er-Jahren in Russland weit entwickelte Wissenschaft von der Vererbung war zum Opfer stalinistischer Säuberungen geworden. Bereits 1929 wurde Sergei Tschetwerikow (1880–1959), der Gründer der sowjetischen Schule für Populationsgenetik, vom Regime in die Verbannung geschickt, weil er die Mendelsche Genetik und die neolamarckistische Vorstellung der Erblichkeit von Eigenschaften kritisiert hatte, die durch Einfluss des Milieus erworben wurden. Als er einige Jahre später wieder eine Stelle an der Universität Gorki gefunden hatte, legte er 1948, gebrochen vom Lyssenkoismus, der gerade zur offiziellen Theorie erhoben worden war, seine Ämter nieder. 1939 wurde Nikolai Wawilow (1887–1943), ein anderer großer russischer, dann sowjetischer Genetiker, ehemaliger Präsident der Leninakademie für Agrarwissenschaft, von Prezent, dem engsten Mitarbeiter von Lyssenko in einem Zeitungsartikel mit dem Titel „Pseudowissenschaftliche Theorien in der Genetik" verleumdet, bevor er daran erinnert wurde, dass „der Marxismus die einzige Wissenschaft ist". Dieser Märtyrer der Wissenschaft wurde im Jahr darauf verhaftet, 1941 zum Tode verurteilt – eine Strafe, die in Gefängnisstrafe umgewandelt wurde – und verhungerte Anfang 1943 in Saratow. 1955 rehabilitierte ihn der höchste Gerichtshof der UdSSR. Lyssenko dagegen erhielt alle Ehren und hatte die angesehensten und einflussreichsten Posten inne: Vorsitz der Leninakademie der Agrarwissenschaften,

Mitglied in der Akademie der Wissenschaften, Leitung des Instituts für Genetik, Stalinpreis, Abgeordneter im Obersten Sowjet usw.

Lyssenko, der die Arbeiten von Iwan Wladimirowitsch Mitschurin (1855–1935) fortsetzte, der schon vor der Sowjetrevolution vom Bahnhofsvorsteher zum Pflanzenzüchter wurde, schlug 1948 vor, eine aus dem Marxismus hervorgehende proletarische Biologie zu schaffen, „einen sowjetischen schöpferischen Darwinismus“[49], wenn das Regime ihm dafür die Mittel zur Verfügung stellen würde. Dass er den Namen des Vaters der Evolution beibehielt, war ein Irrtum, denn die Theoretiker des Kommunismus, wie Engels und Marx und später Lenin und Stalin, predigten einen Darwinismus ohne natürliche Selektion. Die Genetik zeigt, dass diese These irrig ist.[50] Aber warum verstanden sie sich als Neolamarckisten? Indem sie entschieden, dass es das Angeborene nicht gibt und dass nur das Erworbene das menschliche Verhalten bestimmt, wurde es möglich, die Bürger durch kulturelle Indoktrination zu formen! Über den Marxismus hinaus war die ideologische Voreingenommenheit noch größer: All diese Denker waren laizistisch und glaubten an ein großzügiges Ideal des Fortschritts durch Bildung, des Synonyms für Evolution durch Bildung[51]. Wenn Ideologen versuchen, eine Gesellschaft zu verändern, ist es am einfachsten, innere Faktoren, das heißt die Genetik, zu leugnen und alles auf den Einfluss der Umwelt, insbesondere der Bildung zurückzuführen.

Der Ausgangspunkt dieses wissenschaftlichen Schwindels war also die klassische Debatte zwischen Darwinismus und Lamarckismus, zwischen dem Wirken der Gene und dem des Milieus. War diese Debatte in der ersten Hälfte des 20. Jahrhunderts in den englischsprachigen Ländern bereits überholt, so nahm sie in der totalitären Sowjetunion eine groteske und sehr bald verhängnisvolle Wendung. Tatsächlich hat sich die marxistische Kritik gegen die von Darwin theoretisch untermauerte natürliche Selektion zunehmend verstärkt, wobei sie von der Unterstützung der Kommunistischen Partei profitierte, deren Linie prolamarckistisch wurde: Lamarck hatte seine Vorkämpfer und zwar keine geringen, denn es handelte sich um Stalin und Lyssenko! Im Gegensatz zu den bedeutendsten Wissenschaftlern entschied also die Politik über die Wahrheit und zögerte nicht, sie bei den großen stalinistischen Säuberungen zum Verstummen zu bringen. Diese in der Geschichte der Wissenschaften beispiellose Periode der Bildungsfeindlichkeit sollte im Sowjetreich von 1935 bis 1965 andauern. Der Lyssenkoismus sollte bekannter sein, und sei es nur, um zu begreifen, mit welchen Mechanismen eine Ideologie vorgeben kann, sich an die Stelle der Wissenschaft zu setzen – und um zu verhindern, dass sich dies wiederholt.

DER ANARCHISMUS

„[Doch so ausgezeichnet jedes einzelne dieser Werke ist,] so bleibt doch Raum für ein Werk, in dem ‚die gegenseitige Hilfe' nicht allein als Argument zugunsten eines vormenschlichen Ursprungs moralischer Instinkte, sondern auch als Naturgesetz und als Faktor der Entwickelung betrachtet werden soll."

Pjotr Alexejewitsch Kropotkin, Vorwort von *Gegenseitige Hilfe in der Entwickelung*, 1902.

Hatten Marx und Engels die Entdeckungen Darwins verunglimpft, nachdem sie sie zuvor in den Himmel gelobt hatten, so hat Pjotr Kropotkin (1842 – 1921), ebenfalls Kommunist, aber Anarchist und somit Antimarxist, deren Tragweite erkannt und sie weiterführen können. Der russische Fürst, Offizier, Geograf und ausgebildete Wissenschaft-

Kropotkin vervollständigte Darwins Theorie, indem er dem Wettbewerb ein grundlegendes Element hinzufügte: die Kooperation.

ler nahm aus sozialistischer Überzeugung ein Leben in Armut und auf der Flucht in Kauf. Kropotkin, der die Vorbehalte von Marx und Engels gegen die Biowissenschaften nicht teilte, hielt dagegen die dialektische Methode des Marxismus für haltlos. Die Naturwissenschaften sollten seiner Ansicht nach ein Vorbild für die Sozialwissenschaften sein. Er suchte nach einer wissenschaftlichen Grundlage für den Anarchismus und wandte sich nicht gegen Darwin, den er bewunderte und dessen Gedanken er ergänzen wollte. Er fand sich jedoch in derselben theoretischen Sackgasse wieder wie seine beiden marxistischen Vorgänger: Der Darwinismus ermöglichte es, das Problem der Entstehung der Welt zu lösen, ohne auf übernatürliche Kräfte zurückzugreifen – perfekt für einen Atheisten –, diese auf Egoismus und dem Recht des Stärkeren gründende Welt passte jedoch überhaupt nicht zum Sozialismus. Gleichwohl hatte er eine geniale Ahnung, indem er vorschlug, die auf Wettbewerb gründende Darwinsche Theorie durch einen weiteren gesellschaftlichen Evolutionsmotor für Lebewesen zu vervollständigen: die Kooperation.

Da Pjotr Kropotkin aus Russland hatte fliehen müssen, suchte er in der Schweiz Zuflucht, wo er sich 1877 mit dem Geografen Elisée Reclus (1830 – 1905) anfreundete, einem Veteranen der Pariser Kommune, der mit seiner Familie im Exil lebte. Wie ihre feindlichen

Brüder, die autoritären Kommunisten, erkannten die beiden anarchistischen Sozialisten Darwins Beitrag an, kritisierten aber heftig den vorgeblich wissenschaftlichen „Sozialdarwinismus" im englisch- und deutschsprachigen Raum, der ihnen unmoralisch schien. Um dieser Ideologie entgegenzuwirken, bemühten sie sich, zur Quelle, der Biologie, zurückzukehren, um dort nach einer anderen Naturkraft als dem Wettbewerb zu suchen, um das in ihren Augen unvollständige und negative Bild der sozialen Entwicklung zu vervollständigen. Als Theoretiker des anarchistischen Kommunismus behaupteten sie zu Recht, dass es in der tierischen und menschlichen Gesellschaft viele uneigennützige Gegenbeispiele für soziales Verhalten, Hingabe und Opferbereitschaft gibt, die der rein wettbewerbsorientierten Sichtweise des Lebens widersprechen.

Tatsächlich hatten die mit der Arktis vertrauten russischen Forscher in der Natur schon lange nicht nur Formen von Wettbewerb, sondern auch Kooperation beobachtet. Kropotkin kannte die von den Wissenschaftlern seines Landes, insbesondere von dem Zoologen Karl Kessler (1815–1881), entwickelte alternative Argumentation zum Wettbewerb. Darüber hinaus hatte er selbst während seiner Forschungsexpeditionen als Offizier des Zaren Gelegenheit gehabt, die kollektiven Überlebensstrategien von Tieren im kalten Klima Sibiriens zu beobachten. Als Antwort auf den 1888 veröffentlichten aggressiven Essay von Darwins glühendem Anhänger Thomas Huxley über den *Kampf ums Dasein in der menschlichen Gesellschaft*[52] widmete Kropotkin jener anderen Kraft der sozialen Evolution zwischen 1890 und 1896 eine Reihe von Artikeln in der Zeitschrift *The Nineteenth Century*, die 1902 gesammelt unter dem Titel *Mutual Aid: A Factor of Evolution*[53] erschienen. Es ist der erste Versuch, eine bis dahin auf Wettbewerb gründende Evolutionstheorie zu ergänzen, die deutlich ein bis dahin nicht dagewesenes sozialistisches und darwinistisches Programm präsentiert.

Kropotkin unterscheidet zwischen Darwinismus und „Sozialdarwinismus“, bekennt sich zu Darwin und reiht sich gleich in dessen wissenschaftliche Linie ein: „Das Prinzip des Kampfes ums Dasein als eines Faktors der Entwickelung, das von Darwin und Wallace in die Wissenschaft eingeführt wurde, hat uns erlaubt, ein ungeheuer ausgedehntes Gebiet von Erscheinungen in einem einzigen Allgemeinbegriff zusammenzufassen, der bald geradezu die Grundlage unserer philosophischen, biologischen und soziologischen Spekulationen wurde.“[54] Er redet sogar das große Versäumnis des Theoretikers unserer Spezies klein, indem er behauptet, Darwin, weit davon entfernt, den Wettbewerb zum einzigen Faktor der Regulierung von Tier- und Menschenpopulationen zu machen, habe ein Buch über die natürlichen Grenzen der Überbevölkerung, wie zum Beispiel die Winterkälte, geplant. Seiner Aussage nach soll Darwin von seinen Anhängern verraten worden sein, die nur den Wettbewerb gesehen

Die Moschusochsen sind ein schönes Beispiel für Gruppensolidarität, das Gegenteil eines vermeintlichen „Kampfes aller gegen alle“. Ebenso jagen auch ihre Fressfeinde, die Wölfe, als Meute, das heißt als Gruppe.

hätten: „[…] er schrieb niemals das Werk, das er über die natürlichen Vorkehrungen gegen die Übervermehrung schreiben wollte“[55], versicherte Kropotkin. Henry Walter Bates, Darwins engster Mitarbeiter und Freund von Wallace, hatte ihn übrigens dazu ermutigt: „Ja, gewiß, das ist wahrer Darwinismus. […] Schreiben Sie die Artikel, und wenn sie gedruckt sind, werde ich Ihnen einen Brief zwecks Veröffentlichung übergeben.“[56] Bates, der 1892 starb, bevor alle Artikel geschrieben waren, konnte dieses Versprechen nicht erfüllen.

Wenn Darwins Gedanken verfälscht wurden, wie Kropotkin elegant andeutet, so wurde sein Werk doch umso leichter verraten, als er den Daseinskampf immer in den Vordergrund gestellt hatte. Auch wenn es seine heutigen Anhänger abstreiten und trotz der Tatsache, dass Darwin die Kooperation in *Die Abstammung des Menschen und die geschlechtliche Zuchtwahl* kurz erwähnte, ist er vielleicht insofern selbst nicht ganz unschuldig an dieser Entwicklung, die er durch seine hartnäckige Verwendung der Begriffe „Selektion“ und „Wettbewerb“ zuließ. Wenn er auf diese Vorstellung des Daseinskampfes konzentriert war, dann weil dieser in der Natur natürlich sichtbarer ist und zu dominieren scheint – insbesondere in den gemäßigten Ländern und in den Tropen, wo Darwin geforscht hat und Ressourcen reichlich vorhanden sind. In den nördlichen Breiten, in denen Kropotkin und die russischen Zoologen ihre Beobachtungen machten, dominiert sowohl bei Beutetieren als auch bei ihren Fressfeinden Gruppensolidarität, da es in diesen offenen Gebieten, vor allem im Winter, nur wenige Zufluchtsorte gibt: So stellt sich eine Familie von Moschusochsen in den eisigen Weiten im Kreis um die Jungtiere auf, um Widerstand gegen die Wölfe zu leisten, die sie als Rudel bedrängen.

Man muss jedoch anerkennen, dass Darwin im Gegensatz zu einigen seiner Bewunderer seine Idee von der natürlichen Selektion nicht als kurzfristige Strategie konzipierte, sondern diese auf die Nachkommenschaft ausdehnte: Ein Individuum, das sich nicht fortpflanzen kann, ist benachteiligt, auch wenn es am Leben bleibt. Er hatte eine umfassendere Vorstellung von den Mechanismen der Evolution als nur die des Wettbewerbs; und er erkannte, wie komplex die Interaktionen zwischen Arten und Individuen sind. Beispielsweise weiß man heute, dass das Töten von schwachen und kranken Tieren durch Wölfe den gejagten Herden von Pflanzenfressern dient, da dies die Ausbreitung von Epidemien („Veterinärwirkung") und eine Hungersnöte bewirkende Überbevölkerung („regulierende Wirkung")[57] verhindert! Der Wettbewerb blieb für Darwin jedoch der strukturierende Faktor, und so widmete er dem anderen Motor der Evolution, der Kooperation, nur wenige Zeilen, und zeichnete damit unwillentlich ein einseitiges, aggressives Bild der Evolution, ein Missverständnis, das zu Fehlinterpretationen führte, vom „Sozialdarwinismus" bis zur Eugenik. Man wird Darwin als Pionier mildernde Umstände zusprechen, da er zusammen mit Wallace der erste war, der den Mechanismus erkannte und einer breiten Öffentlichkeit vorstellte, durch den so unterschiedliche Arten und so perfekte Anpassungen allein durch die Wirkung der Naturkräfte entstehen und fortbestehen können. Auch wenn Kropotkin nicht Darwins wissenschaftliches Format hatte, so entdeckte er doch den Motor der sozialen Evolution, der für einen Moralisten am positivsten erscheint: die gegenseitige Hilfe. Auf diese Weise korrigierte er das ursprüngliche Versäumnis.

Zur gleichen Zeit vertrat Ernst Haeckel, der politisch ganz anders dachte, in seinem 1899 veröffentlichten, weitverbreiteten und viel übersetzten populären Sachbuch *Die Welträthsel* die Auffassung, dass es neben dem Imperativ der Konkurrenz auch einen Imperativ der Kooperation gebe: „Der Mensch gehört zu den socialen Wirbelthieren und hat daher, wie alle socialen Thiere, zweierlei verschiedene Pflichten, erstens gegen sich selbst und zweitens gegen die Gesellschaft, der er angehört. Erstere sind Gebote der *Selbstliebe* (Egoismus), letztere Gebote der *Nächstenliebe* (Altruismus). […] Beide konkurrirende

Triebe sind *Naturgesetze*, die zum Bestehen der Familie und der Gesellschaft gleich wichtig und gleich nothwendig sind; der Egoismus ermöglicht die Selbsterhaltung des *Individuums*, der Altruismus diejenige der Gattung und *Species*, die sich aus der Kette der vergänglichen Individuen zusammensetzt. Die *socialen Pflichten*, welche die Gesellschaftsbildung den associirten Menschen auferlegt, und durch welche sich dieselbe erhält, sind nur höhere Entwickelungsformen der *socialen Instinkte*, welche wir bei allen höheren, gesellig lebenden Thieren finden."[58]

Tatsächlich hat sich eine extrem kleine Minderheit von Darwinisten im Gefolge von Philosophen nie damit zufriedengegeben, nur die offensichtlichsten sozialen Verhaltensweisen (Egoismus und Wettbewerb) zu betrachten und die Bedeutung von gegenseitiger Hilfe und Altruismus hervorgehoben. So erinnerte der italienische Ökonom Achille Loria 1896 in seinem Aufsatz *Sozialdarwinismus*[59] daran, dass „Darwin weit davon entfernt war, die Übertreibungen seiner Soziologen-Anhänger zu teilen, und immer ausdrücklich betonte, dass der menschliche Fortschritt auch ohne Bruderkämpfe um Nahrungsmittel möglich ist."

DER BIOLOGISCHE ALTRUISMUS

„Geselligkeit ist ebenso ein Naturgesetz
wie gegenseitiger Kampf."

Pjotr Kropotkin, *Gegenseitige Hilfe in der Entwickelung*, 1904, S. 6.

Die Verteidigung des biologischen Altruismus durch Kropotkin, die sich ebenso auf Ideologie wie auf Wissenschaft stützt, entspringt dem moralischen Vorurteil eines Sozialisten: Daher schien die Kooperation biologisch unmöglich zu beweisen. In der Folge gab es bis in die 1960er-Jahre kein akademisches Echo auf dieses Infragestellen des Darwinismus – das ihn, wie wir gesehen haben, eigentlich weiterentwickelte. Über den moralischen und politischen Aspekt hinaus, der Kropotkins Beitrag wie eine parteiische Grundsatzpetition erscheinen ließ, gab es keine wissenschaftliche Arbeit, die diese Beobachtungen gegenseitiger Hilfe in der Tierwelt gestützt hätte.

Es fehlte also der Beweis dafür, dass es vorteilhaft für die Anpassung sein kann, wenn man sein Leben für andere riskiert. Wenn man auch verstand, dass ein für den Sieger vorteilhaftes Verhalten durch Wettbewerb erblich übertragen werden konnte, so war schwer verständlich, wie ein Verhalten, das anderen zugutekam, aus dem genetischen Erbgut ausgewählt werden konnte. Darwin hatte dieses Paradoxon bereits in *Die Abstammung des Menschen* erkannt: „Das Individuum, das bereit ist, sein Leben zu opfern, anstatt die Seinen zu verraten, wie zahlreiche Wilde es vorgemacht haben, hinterlässt vielleicht keine Kinder, die seine edle Natur erben könnten."

In der Natur gibt es unzählige Beispiele, die sich nicht allein durch den Kampf aller gegen alle erklären lassen, ja, die sogar auf das Gegenteil verweisen. Viele Tiere, die in stabilen Familienverbänden leben, riskieren ihr Leben, um ihren Nachwuchs zu verteidigen, und schützen damit zugleich ihr gemeinsames Erbgut. Eine Katze, die getötet wird und dadurch ihre vier Kätzchen rettet, hat in Wirklichkeit ihr Erbgut verdoppelt, da jedes Überlebende die Hälfte des Erbguts seiner Mutter in sich trägt. Lange Zeit hatte man keine Erklärung dafür, wie Gesellschaften sozialer Insekten wie Bienen, Termiten und Ameisen funktionieren: Welchen Reproduktionsvorteil können Arbeiterbienen haben, die Tausende von Jungtieren einer einzigen Königin aufziehen? In *Der Ursprung der Arten* fragte sich Darwin, wie die Vererbung bei der unfruchtbaren Arbeiterameise erfolgen kann: „Hier stellt sich durchaus die Frage, wie dies mit der Theorie der natürlichen Selektion

vereinbar ist."[60] Er kam der Lösung nahe, indem er unterbreitete, „dass die Selektion auf die gesamte Familie ebenso wie auf einzelne Individuen wirkt."[61]

In den 1960er-Jahren veröffentlichte der britische Evolutionsbiologe William Donald Hamilton (1936–2000), damals Doktorand, eine Reihe von Artikeln, in denen er mathematisch und nachvollziehbar den genetischen Vorteil unfruchtbarer Arbeiterinnen bei der Aufzucht der Kinder ihrer Schwester darstellte. Die Nachkommenschaft der Königin verfügt über einen Teil der Gene ihrer „Tante", und obwohl diese unfruchtbar ist, hat sie einen genetischen Vorteil, indem sie eine Nachkommenschaft findet. So kann eine Tante durch Verwandtenselektion ohne sich fortzupflanzen einen großen Selektionsvorteil darin finden, sich aufzuopfern, um zahlreiche Neffen zu ernähren, die ihre Gene tragen! Dieser extreme Fall von sozialen Insekten, der für Darwin ein Rätsel war, konnte durch Hamiltons genetische Theorie des Altruismus erklärt werden, die zu einer unerwarteten, aber notwendigen Erweiterung der Darwinschen Evolution wurde. Übrigens hat man mit den Nacktmullen, in Südafrika beheimatete Nagetiere, in den 2010er-Jahren überraschenderweise eine Säugetiergesellschaft entdeckt, die den Gesellschaften sozialer Insekten ähnelt, mit einer Königin und Kasten unfruchtbarer Arbeiterinnen.

Ein verbreitetes Verhalten in der Natur ist, dass jedes Elternteil, egal welcher Spezies, sein Erbgut verteidigt, indem es seine Jungen beschützt – wie die oben beschriebene Katze. Da jedes die Hälfte seiner Gene in sich trägt, profitiert das Elternteil davon, sich für sie zu opfern – so kann das typisch altruistische Verhalten eine egoistische Grundlage haben! Diese wenig moralische Schlussfolgerung bleibt seit einem halben Jahrhundert die einzige indirekte Erklärung für das Auftreten sozialer Insekten, die sich für die Kolonie aufopfern, und bildet die Grundlage der Biologie des Altruismus. Die Ausnahme von der Regel vom Kampf ums Dasein hat sich, wie bei jeder wissenschaftlichen Revolution, in den Beweis des neuen Paradigmas verwandelt. Dieser buchhalterische Ansatz der gegenseitigen Hilfe hat es ermöglicht, die bis dahin unlösbare Frage nach den Ursprüngen von sozialem Verhalten zu klären.

Gemeinsam ist man stärker!

Heute arbeiten Dutzende von Forscherteams auf der Welt an der Biologie des Altruismus, der durch die Definition verschiedener Typen natürlich noch komplizierter geworden ist, wie zum Beispiel „gegenseitiger Altruismus" – der darin besteht, dass man einem Freund vertraut, der nicht mit einem verwandt ist – oder „bewusster Altruismus" beim Menschen, der sich vom „instinktiven Altruismus" bei sozialen Insekten unterscheidet. Es war jedoch Kropotkin, der wegen seiner politischen und moralischen Vorannahmen die Lösung der gegenseitigen Hilfe fand und den Weg zur Verwandtenselektion ebnete, die Darwin erkannt hatte. In diesem Paradox der Vererbbarkeit eines scheinbar ungünstigen Charakters wurde die sozialistische Intuition von Hamilton bestätigt, der das Phänomen quantifizierte und wissenschaftlich belegte.

Wie Kropotkin seine Ausgangshypothese in *Gegenseitige Hilfe in der Entwickelung* ausarbeitet, ist im Vergleich zu Darwins *Der Ursprung der Arten* oberflächlich, aber die Idee ist genial und die beiden Bücher ergänzen sich. Kropotkins Werk ist eine Fortsetzung von Darwins Werk, indem es eine zweite evolutionäre Kraft hinzufügt, die in einem indirekten genetischen Prozess wirkt. Zwar verhandelt Kropotkin den Selektionsmechanismus nicht ausreichend und redet den in der Natur verbreiteten Wettbewerb zwischen Artgenossen klein. Dieser Schwachpunkt ist sicher demselben ideologischen Vorurteil geschuldet wie bei Marx oder Lyssenko, die den Wettbewerb innerhalb derselben Art leugnen, um ein kommunistisches Prinzip zu verteidigen. Auch wenn Kropotkin als Nicht-Biologe sehr viel weniger kompetent war als Darwin oder Hamilton, bleibt er doch der Erste, der Sozialismus und Darwinismus miteinander in Einklang gebracht hat, die bis dahin als Gegensätze angesehen wurden. Dieser Teil seiner Botschaft ist fast ein Jahrhundert lang in Vergessenheit geraten, bis man ihn als wissenschaftlichen und philosophischen Wegbereiter der sozialen Kooperation wiederentdeckte.

DIE EPIGENETIK

„Wir müssen damit aufhören, Natur und Kultur voneinander zu trennen: Der Schlüssel zur Kultur liegt in unserer Natur, und der Schlüssel zu unserer Natur liegt in der Kultur.“

Edgar Morin, *Le Paradigme perdu: la nature humaine*, 1973.

Werden soziale Verhaltensweisen, einschließlich unserer eigenen, genetisch bestimmt, wie es – nach Darwin und der Entdeckung der Vererbung – die Genetiker vertreten, oder durch die Erziehung, wie es viele Humanisten denken, im Anschluss an Lamarcks Arbeiten zum Einfluss der Umwelt?[62] Die ewige und entscheidende Frage – die durch die Biologie im 20. Jahrhundert jedoch beantwortet werden konnte! Angeborene und erworbene Fähigkeiten werden klassischerweise einander gegenübergestellt, als wäre es notwendig und sogar möglich, zwischen diesen beiden Alternativen zu wählen. Nun haben die Arbeiten der Verhaltensforschung in den 1950er-Jahren gezeigt, dass beide Aspekte des Verhaltens untrennbar miteinander verbunden sind: Keine Art besitzt nur eine Komponente. Diese Debatte, die in der Verhaltensbiologie von zentraler Bedeutung ist, ermöglichte, von einer einfachen, aber falschen binären Sicht zu dem überzugehen, was ein nonkonformistischer Soziologe wie Edgar Morin als „komplexes Denken“ bezeichnet.

Die moderne Genetik ist weniger schlicht als in ihren Anfängen im Jahr 1930, als sie sich auf „ein Merkmal = ein Gen = ein Protein“ reduzieren ließ. Wissenschaftliche Entdeckungen haben das Problem erneut zur Debatte gestellt, indem sie zeigten, dass die Natur komplexer ist: Hinter der elementaren Mechanik der einstigen Genetik steht eine ganze Maschinerie mit regulierenden Genen, die auf äußere

Bedingungen reagieren, während die von den Genen getragenen angeborenen Merkmale sich abhängig von Milieubedingungen zu einem unterschiedlichen Grad manifestieren. Die einstige Wahl zwischen den beiden Alternativen (Genetik oder Milieu) verwandelte das Licht der Wissenschaft in einen Dimmer: Die Gene können vollständig zum Ausdruck kommen oder teilweise oder gar nicht, abhängig von den Bedingungen des Milieus, was erklärt, dass zwei so unterschiedliche Zellen wie eine Nervenzelle und ein weißes Blutkörperchen dieselbe genetische Information tragen.

Die aufstrebende Wissenschaft der Epigenetik hat es ermöglicht, die binäre Sichtweise – angeboren oder erworben? Darwin oder Lamarck? – zu überwinden. So berücksichtigt die Vererbungslehre nun auch den Einfluss des Milieus und der Geschichte des Individuums auf den Ausdruck der Gene. Die Theorie von Lamarck zur Rolle der Umwelt wird so heute teilweise rehabilitiert, da sie in dem neodarwinistischen Ansatz der Molekulargenetik angelegt ist! Die Trennung zwischen Angeborenem und Erworbenem oder zwischen Natur und Kultur war recht praktisch, um das Denken zu lernen, aber sie ist überholt und gehört in die Ideengeschichte. In der realen Welt, in der Tiere wie Menschen in beide Kategorien gleichzeitig gehören, die untrennbar miteinander verbunden sind und je nach Art unterschiedliche Anteile haben, existiert sie nicht: Ein Insekt folgt vor allem dem Angeborenen, lernt aber auch ein wenig; ein Mensch verlässt sich vor allem auf die Kultur, hat aber auch Instinkte, wie das Baby, das gleich nach der Geburt Milch saugt, ohne es gelernt zu haben.

Wir argumentieren weiter nach veralteten Unterscheidungen, die das westliche Denken strukturieren: Seele/Körper, Geist/Materie, Mensch/Natur, erworben/angeboren. Diese binären Kategorien, die uns von den antiken Griechen und der jüdisch-christlichen Kultur vermacht wurden, sind bequem, aber es sind heute veraltete Werkzeuge. Der Anthropologe Philippe Descola zeigt in *Par-delà nature et culture*[63], dass diese Dichotomie erfunden und ein Produkt unserer Zivilisation war. Der Gegensatz Natur/Kultur findet sich im Ansatz bereits in den ersten Zeilen der Genesis in der Bibel, wo die Tiere der ersten Kategorie zugeordnet werden und der Mensch der zweiten Kategorie, da er von Gott als Letzter und nach dessen Bild erschaffen wurde. Nun schwindet die Sonderstellung des Menschen seit der Entwicklung der Verhaltensforschung, und niemand möchte mehr Descartes' Theorie des „Maschinen-Tiers" verteidigen: Wer behauptet noch, dass Tiere nicht denken und gefühllos sind, weil sie nicht sprechen? Es gibt viele Beispiele für verfälschte Debatten, aber hier sei noch einmal André Pichot zitiert, der in seiner Zusammenfassung eines in *Le Monde*[64] abgedruckten offenen Briefes zum Thema Genetik und Soziobiologie schrieb: „Geht es darum, das Ansehen einer diskreditierten Disziplin wieder zu rehabilitieren? Glaubt man wirklich, dass die Vererbung von Altruismus und die Biologie der guten Gefühle besser akzeptiert werden als das Chromosom des Verbrechens und das Gen der Homosexualität? Erstere sind zwar ‚politisch korrekter' als letztere, aber sie sind genauso dumm und genauso unwissenschaftlich, denn bis zum Beweis des Gegenteils hört in der Genetik die Vererbung bei der Proteinstruktur auf." Nun hört die Vererbung natürlich nicht bei der Proteinstruktur auf, und man ermisst, wie sehr die Verhaltensgenetik in unserem Land eine weiterhin heikle Sache ist.

Der berühmte amerikanische Linguist Noam Chomsky wirft die Argumentation, die Sprache sei ein Bollwerk der Kultur, über den Haufen und vertritt die These der „generativen Grammatik", der zufolge die Syntaxregeln dem Menschen angeboren seien und nur das Vokabular erworben werde. Als echter Nonkonformist ist der Anarchist Chomsky der Ansicht, die menschliche Natur würde ohne eine angeborene Grundlage dem Totalitarismus Tür und Tor öffnen: „Wenn der Mensch tatsächlich beliebig formbar ist und keine wesentliche psychologische Natur besitzt, warum sollte er dann nicht von denen kontrolliert werden, die Autorität, spezielles Wissen sowie ein unvergleichlich gutes ‚Augenmaß' für das in Anspruch nehmen, was für die weniger Aufgeklärten angeblich am besten ist?"[65] Verständlich, dass die Fachleute der Humanwissenschaften nach all den Fehlentwicklungen, die der revolutionären Entdeckung Darwins folgten, es lange Zeit vorzogen, dieses verminte Gelände zu meiden, das sie nicht gut kannten und das den Geruch von Totalitarismus verströmte. Aber ist es nicht das Schicksal jeder großen Welterklärung, dass sie von allen für sich beansprucht wird und, was den Darwinismus angeht, dieser vom Kapitalismus (Spencer), der Eugenik (Galton), der Psychoanalyse (Freud), dem Marxismus (Engels und Marx), dem Anarchismus (Kropotkin), dem Materialismus (Haeckel) und dem Nationalsozialismus (Gumplowicz) annektiert wurde?

Diese „Vereinnahmungen" von allen Seiten untermauern lediglich, dass Darwin recht hatte und dass die von ihm ausgelöste Debatte weit über den Rahmen der Biowissenschaften hinausgeht. Die Evolutionstheorie hat fast zwei Jahrhunderte lang Infragestellungen von rechts und links, von Gläubigen und sogar von Atheisten ausgehalten. Es ist kein Modeeffekt, kein Autoritätsargument oder das Bedürfnis nach einem „Natur"-Idol, das sie im modernen Denken unumgänglich gemacht hat, sondern die Tatsache, dass sie schlichtweg die einzige natürliche Erklärung der belebten Welt ist. Sie ist nicht nur eine Ideologie, wie manche Geisteswissenschaftler immer noch glauben, sondern ein Begriff im Kantschen Sinne, der einen operationellen und vorhersagbaren Wert hat. Ist es nicht besser, sich der Realität zu stellen und Darwins Denken weiterzuführen, indem man es in eine größere Synthese einbindet, wie es Kropotkin gelungen ist?

DARWIN-QUIZ

1. **Welche große Persönlichkeit des Sozialismus hat Darwin zunächst bewundert, bevor sie ihn kritisierte?**

☐ a. Karl Marx
☐ b. Friedrich Engels
☐ c. Lenin

2. **Welche große Persönlichkeit des Sozialismus hat die Darwinsche Evolutionstheorie um die Kooperation erweitert?**

☐ a. Pjotr Kropotkin
☐ b. Karl Marx
☐ c. Pierre-Joseph Proudhon

3. **Welcher Biologe hat die Mendelsche Vererbungslehre in der Sowjetunion drei Jahrzehnte lang verbieten lassen?**

☐ a. Wladimir Putin
☐ b. Trofim Denissowitsch Lyssenko
☐ c. Dmitri Beljajew

4. **Welche neue Wissenschaft hat den Lamarckismus und den Darwinismus, die Theorien zum Wirken der Gene und dem der Umgebung, dem Angeborenen und dem Erworbenen in Einklang gebracht?**

☐ a. Die Molekularbiologie
☐ b. Die Epigenetik, die Populationsgenetik
☐ c. Die Plattentektonik

Lösungen:
1b, 2a, 3b, 4b

WER WAR DARWIN WIRKLICH?

In diesem Kapitel werden wir versuchen, uns Darwins Denken auf dem heiklen Gebiet der sozialen Fragen zu nähern, die er in seinen wissenschaftlichen Veröffentlichungen klugerweise nicht behandelt hat. Zu diesem Zweck werden wir uns vor allem auf seine privaten Schriften stützen, denn neben einem umfangreichen akademischen Werk hinterließ er zahlreiche Notizbücher, einen umfangreichen Briefwechsel und eine für seine Kinder verfasste Autobiografie, in denen er Ansichten wiedergibt, die er öffentlich nicht geäußert hat. Auch sein Tun im Laufe seines Lebens enthüllt einen verborgenen Teil dieses Mannes, der sich aus Vorsicht und Bescheidenheit auf die ausschließliche Rolle eines Wissenschaftlers beschränkte.

WAR ER RASSISTISCH UND SEXISTISCH?

„Ich frage mich verwundert, warum ich das Glück hatte, daß sie, die mir in allen moralischen Qualitäten so turmhoch überlegen ist, eingewilligt hat, meine Frau zu werden."

Darwin, *Mein Leben*, S. 101.

Die Wissenschaftsgeschichte hat Darwin, dessen Beitrag inzwischen weithin anerkannt ist, Gerechtigkeit widerfahren lassen. Und doch haben manche in ihm einen Reaktionär sehen wollen und so die gesellschaftlichen Auswirkungen seiner Evolutionstheorie, einer wahren Zeitbombe, widerlegt. Tatsächlich kritisierte der sonst eher maßvolle Darwin die rassistischen und sexistischen Ansichten in der viktorianischen Welt und prangerte zum Beispiel in seinem Tagebuch, das er an Bord der *Beagle* führte (1831 – 1836)[66], die Sklavenhalter an, die er als „zivilisierte Wilde Englands" charakterisierte. Was ihn im Übrigen nicht daran hinderte, England für die zivilisierteste unter den Nationen zu halten!

1839 veröffentlichte Darwin seine *Reise eines Naturforschers um die Welt* und heiratete seine Cousine Emma. Sie gab ihm den Spitznamen „lieber Neger", nachdem sie eine Karteikarte gelesen hatte, auf der der junge Mann einige Zeit zuvor die Vor- und Nachteile der Ehe festgehalten hatte: Unter dem shakespeareschen Titel *Marry or not marry, this is the question* drückte er dort in zwei Spalten die Befürchtung aus, durch diese Verpflichtung zu einem Sklaven zu werden, der

„schlechter gestellt sein [wird] als ein Schwarzer", kam aber zu dem Schluss, dass „es viele glückliche Sklaven geben kann"[67]. Drei Jahrzehnte später erkannte er in *Die Abstammung des Menschen* (1871) eine enorme Überlegenheit der Frau in Bezug auf Empathie und Altruismus: „Die Frau scheint sich hinsichtlich der geistigen Anlagen hauptsächlich durch größere Zartheit und geringere Selbstsucht von dem Manne zu unterscheiden. [...] Das Weib entfaltet infolge ihres mütterlichen Instinkts diese Eigenschaften in hohem Grade gegen ihre Kinder, und es ist daher wahrscheinlich, daß sie dieselben auch auf ihre Mitgeschöpfe ausdehnen wird. Der Mann ist der Rivale anderer Männer. Er hat Freude am Wettbewerb, welcher zu Ehrgeiz führt, der gar zu leicht in Selbstsucht ausartet."[68]

Darwin bekräftigt jedoch sofort, dass die Frau weniger brillant sei als der Mann: „Den wesentlichen Unterschied in der geistigen Kraft der beiden Geschlechter macht aus, dass der Mann in allem, was er unternimmt, einen Punkt erreicht, den die Frau nicht erreichen kann, unabhängig übrigens von der Art des Unternehmens, ob es nun tiefes Denken, Vernunft, Fantasie oder einfach den Gebrauch der Sinne und Hände erfordert." Viel Respekt und Bewunderung also für seine Frau, aber ein ausgeprägtes Überlegenheitsgefühl ihrem Geschlecht gegenüber!

Was die Sklaverei betrifft, so hatte die Kritik an ihr ebenso bei den Darwins wie in der Familie seiner Frau Tradition. Darwin, der sich dem Gesetz des Stärkeren entschieden entgegenstellte, trat in die Fußstapfen seines Vaters und seiner beiden Großväter, von denen einer Medaillons mit dem Bild eines Schwarzen in Ketten und der Aufschrift „Bin ich nicht ein Mensch und Bruder?" angefertigt hatte. Er selbst schrieb in seinem Briefwechsel: „Großer Gott! Wie gerne würde ich diesen Fluch unter allen Flüchen abgeschafft sehen: die Sklaverei!"[69] In *Die Abstammung des Menschen* beschreibt er die „Wilden" mit Respekt:

„Die Feuerländer gehören zu den tiefststehenden Barbaren; aber ich war immer wieder überrascht, wie sehr drei Eingeborene an Bord der ‚Beagle', die einige Jahre in England gelebt hatten und etwas Englisch sprachen, uns in ihren Anlagen und den meisten geistigen Fähigkeiten ähnelten."[70]

Darwins Haltung, in der sich geistige Kühnheit und Vorsicht mischen, mag verblüffen. Diese Balance hat ihn davor bewahrt, durch manche seiner leidenschaftlichsten Schüler kompromittiert zu werden, aber er stand immer zu seinen Entdeckungen über die Herkunft des Menschen und die in den menschlichen Gesellschaften wirkenden Mechanismen, vor allem gegenüber seinen Zeitgenossen, denen es einer kolonialen Logik folgend selbstverständlich erschien, den weißen Menschen an die Spitze der sogenannten „Schöpfung" zu stellen. Obwohl er wusste, dass er sich in einen Bereich der Biologie wagte, dessen philosophische und gesellschaftliche Auswirkungen unvorhersehbar sein würden, zog er keine einfachen Schlüsse zu Fragen menschlicher Ungleichheit und Rassismus. Er suchte nach deren natürlichen Grundlagen bei den Tieren, hat aber niemals wissenschaftliche Fakten mit den daraus abgeleiteten moralischen Werten vermengt.

WAR ER WISSENSCHAFTLER?

„Der Darwinismus gilt als wissenschaftlich, zumindest bei den Biologen."

André Pichot, *La Société pure. De Darwin à Hitler*, 2000, S. 89.

Die moderne Evolutionswissenschaft hat die Gültigkeit von Darwins Arbeiten bestätigt.

Darwin hat zu Lebzeiten viel Kritik eingesteckt, die schmerzhafteste für ihn war wohl, seine Evolutionstheorie sei unwissenschaftlich. Wie kommt es, dass die Wissenschaftlichkeit von Darwins Werk bis heute angezweifelt werden kann? Hier stehen wir vor der großen Debatte über die Definition von Wissenschaft wie auch der Gegenüberstellung von strikter Naturwissenschaft (auch „harte" Naturwissenschaft genannt, wie Physik oder Biochemie) und Gesellschafts- und Humanwissenschaften („weiche" Wissenschaften wie Psychologie oder Soziologie), die multifaktoriell sind – in dem Wissen, dass Wissenschaftlichkeit notwendigerweise abnimmt, je schwieriger es wird, die Hypothesen zu beweisen.

Nun ist der Darwinismus insofern besonders, als der Evolutionsbegriff mit einem Fuß durch eine robuste wissenschaftliche Theorie in den Biowissenschaften steht, und mit dem anderen Fuß in den Humanwissenschaften mit nicht nur philosophischen, sondern auch gesellschaftlichen Implikationen – deren Konsequenzen, die andere aus ihr zogen und die, wie wir in den vorangegangenen Kapiteln ausgeführt haben, bisweilen katastrophal sein konnten.

Selbst der Teil von Darwins Arbeiten, der im engeren Sinn biologisch ist – also grundsätzlich der solideste – kann nicht vollständig dem Beweis durch Experiment unterworfen werden, da er eine historische Dimension enthält: Die Klassifizierung der Natur legt Zeugnis ab von der Geschichte des Lebens auf der Erde, wobei die Entwicklung der Arten sich über Millionen oder Tausende von Jahren vollzieht, also unmöglich experimentell zu beweisen ist. Gleichwohl gibt es unzählige Beweisführungen zu spezifischen Aspekten und vor allem behielt Darwin mit fortschreitendem Stand der Wissenschaft recht. So ist belegt, dass die Domestizierung einen Einfluss auf die Erbeigenschaften einer Art hat, die von einem Individuum zum anderen variieren können.

Tarnungsfähigkeit ist eine weitere Anpassungsreaktion: die Antwort der Beutetiere auf die Selektion durch ihre Fressfeinde, wie etwa jene Insekten, die im Ruhezustand perfekt mit ihrem Untergrund verschmelzen, zum Beispiel die Gespenstschrecke, die wie Reisig aussieht, oder der Birkenspanner, ein heller Nachtfalter, der tagsüber auf der weißen Rinde seines bevorzugten Baums für Vögel unsichtbar ist. Als Alfred Russel Wallace Darwin auf diese Entdeckung aufmerksam machte, freute der sich:

> *„Diese weißen Birkenspanner sind eine herrliche Tatsache; es wird mir warm ums Herz, zu sehen, wie eine Theorie sozusagen als wahr bewiesen wird.“*[71]

Nun gibt es aber zwei Arten dieses Schmetterlings: Heute wissen wir, dass lange Zeit die hellere Art verbreiteter war, bis die Industrialisierung ab Mitte des 19. Jahrhunderts mit Rußablagerungen auf den Birkenstämmen einherging, die dadurch dunkler wurden. Unter den neuen Umweltbedingungen war die dunkle Art der Birkenspanner weniger anfällig für Fressfeinde und begann ein Jahrhundert später, in den großen Industrieregionen zu dominieren – ein Beweis für die Anpassung an die Umwelt! Bei giftigen Insekten ist die Tarnung dagegen nicht verbreitet, sie zeigen im Allgemeinen leuchtende Farben: Ein solches Äußeres ist für sie ein Schutz, weil sie mögliche Fressfeinde warnt, die lieber verzichten, sobald sie diese probiert haben. Ein Schutz ist sie auch für mögliche Beutetiere, die durchaus genießbar sind, die aber dieses Vorgehen und die Färbungen der giftigen Tiere nachahmen, um nicht gefressen zu werden. Wie könnte man anders als durch natürliche Selektion erklären, dass Pflanzen, die über kein Nervensystem verfügen, durch ihren Nektar oder ihre Früchte Tierarten anlocken, die die Aufgabe übernehmen, ihren Pollen zu verteilen, und damit für ihre Befruchtung sorgen?

Wie Aristoteles es vorausgesehen hatte, hört die Beobachtung des Tierreichs nicht bei der Frage des „Wie" auf, sondern es stellt sich jene nach dem Ziel: Die Mechanismen der Evolution können nur verstanden werden, indem man nach dem „Warum" fragt. In diesem Sinne hat Darwin bewiesen, dass die Art und Weise, wie man im Bereich der Naturwissenschaften eine Theorie entwickelt, sich von den Praktiken der Physik und verwandter Gebiete unterscheidet. Es gibt nicht nur, wie man lange geglaubt hat, zwei Typen möglicher Kausalzusammenhänge: entweder eine Abfolge von Ursachen und Wirkungen wie in der Physik oder eine „intelligente Absicht", die sich auf die Vorsehung bezieht. Darwin hat einen dritten Typus enthüllt: die Interaktion, mittels derer Selektion, Adaption und Mutationen ablaufen.

Die Stichhaltigkeit der Evolutionstheorie ergibt sich also weniger aus der experimentellen Überprüfung einer Ausgangshypothese auf Grundlage gesicherter Prinzipien (die sogenannte hypothetisch-deduktive Methode) als aus der Gegenüberstellung interdisziplinärer Daten, die unterschiedliche Sichtweisen auf eine begrenzte Zahl von

Untersuchungsobjekten liefern. Darwins Theorie verbindet Phänomene miteinander, die sich nicht anders als durch Evolution begreifen lassen – Anpassungen des Verhaltens und der Morphologie, Aussterben und Diversifizierungen von Arten. Diese außerordentlich erhellende Methode ist derart originell, dass sie verwirrend erscheint, selbst für einen großen Wissenschaftsphilosophen wie Karl Popper, der dem Darwinismus schließlich mithilfe des Verhaltensforschers Konrad Lorenz, mit dem er befreundet war, den Titel „erste überzeugende nicht deistische Theorie"[72] verlieh. Nachdem sie unzählige Male unter verschiedenen Blickwinkeln bestätigt wurde, ist sie heute so allgegenwärtig, dass man inzwischen weniger von „der Theorie" als von den „Evolutionswissenschaften" spricht. Beim heutigen Kenntnisstand ist die wissenschaftliche Dimension des Darwinismus also unbestritten.

WAR ER GLÄUBIG?

„Aber zu diesem Zeitpunkt [zwischen 1836 und 1839] war mir allmählich klar, daß das Alte Testament […] um nichts glaubwürdiger ist als die heiligen Bücher der Hindus oder irgendeine Barbaren-Religion."

Charles Darwin, *Mein Leben*, 1887, S. 90.

Darwin, der tiefgläubig und überzeugt von der Unveränderlichkeit der Arten zu seiner Weltreise aufgebrochen war, kam mit Fragen zurück wie: Warum hat Gott sich die Mühe gemacht, auf jeder einzelnen Galapagosinsel einen unterschiedlichen Finken und eine unterschiedliche Schildkröte zu schaffen? Zu dem Zeitpunkt schien ihm die befriedigendste Erklärung für diese ähnlichen Arten in der Isoliertheit jeder einzelnen dieser Populationen zu liegen. So notierte er in *Reise eines Naturforschers um die Welt* (1839): „Wenn man diese Abstufung und die Vielfalt des Aufbaus in einer kleinen Gruppe von sehr eng benachbarten Vögeln betrachtet, könnte man sich wirklich vorstellen, dass aufgrund einer ursprünglichen Armut an Vögeln in diesem Archipel eine einzige Art sich verändert hat, um sehr unterschiedliche Ziele zu erreichen."

Darwin war derart von William Paleys Werk durchdrungen – dem Theologen und Verfasser der *Natürlichen Theologie* (1802) –, dass er dieses Buch zum Vorbild nahm, als er sich an *Der Ursprung der Arten* machte und alle möglichen Indizien vortrug, bevor er schließlich den Beweis seiner These unternahm.[73] Er selbst räumte ein: „Ich glaube, dass ich niemals ein Buch stärker bewundert habe als die *Natürliche Theologie* von Paley, früher konnte ich sie fast auswendig aufsagen"[74], das schrieb er zwei Tage vor dem Erscheinen seines Hauptwerks 1859. In seiner Autobiografie steht, wie er sich davon löste: „Das alte Argument vom Bauplan in der Natur, das Argument Paleys, das mir früher so schlüssig vorgekommen war, hat inzwischen, seit das Gesetz der natürlichen Selektion entdeckt ist, seine Kraft verloren."[75] Wenn Darwin Evolutionswissenschaftler wurde, so erfolgte dies vielleicht nicht so sehr aus Atheismus oder aus Wissenschaftsgläubigkeit, sondern eher weil seine ursprüngliche, zutiefst religiöse Überzeugung nicht befriedigt werden konnte. Paradoxerweise hat Darwin, da es ihm nicht gelang, den verborgenen Plan Gottes in den Werken der Natur aufzuspüren, den er doch ohne Duldsamkeit und ohne Unterlass suchte, schließlich den Glauben verloren! Die natürliche Theologie ist die Erklärung dafür, dass viele Kirchenmänner auch Naturforscher waren, vor allem in England, und Darwin steht nicht in Opposition zu ihnen, sondern in ihrer Folge. Er hat die Interessen des Theologiestudenten, der er war, fortgesetzt, und lange Zeit begeg-

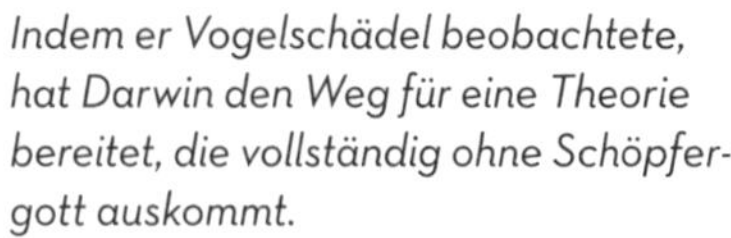

Indem er Vogelschädel beobachtete, hat Darwin den Weg für eine Theorie bereitet, die vollständig ohne Schöpfergott auskommt.

nete einem seiner Ansicht nach der Beweis für die Existenz Gottes bei jedem Schritt, denn es war unmöglich zu erklären, dass Pflanzen und Tiere so gut an ihre Umgebung angepasst sind, ohne dass das Übernatürliche im Spiel gewesen wäre. Aber in seiner Suche nach der Wahrheit über die Funktionsweisen alles Lebendigen und über unseren Ursprung ging er soweit, dass er einen erkenntnistheoretischen Bruch provoziert hat, zu dessen erstem Opfer er, erschreckt von der gesellschaftlichen Tragweite seiner Entdeckung, selbst wurde.

Nachdem die Bewunderung angesichts der Vollkommenheit der „Schöpfung“ vorüber war, blieb es tatsächlich nicht aus, dass so erfahrene Naturforscher wie Darwin und Wallace Anomalien aufdeckten: Wie kann man die Existenz von Giftpflanzen und giftigen Tieren im Plan eines gütigen Gottes rechtfertigen? Wie erklärt sich das Vorhandensein von Rudimenten, wie bei den Walen die Knochen von Hinterpfoten, die zu Flossen wurden und auf einen Landvorfahren verweisen – was dem bis dahin allgemein anerkannten Prinzip der Unveränderlichkeit der Arten entgegensteht? Dasselbe Prinzip der Unveränderlichkeit der Schöpfung hielt auch der Beobachtung der Veränderlichkeit der Individuen und der spontanen Mutationen nicht stand. Genauso wenig wie das der absoluten Isolierung der Arten, da Hybriden – und noch dazu fruchtbare – verbreitet sind. Eine ganze Weltanschauung wurde in Frage gestellt. Wenn man zum

Beispiel die ausgestorbenen Arten betrachtet – warum sollte der Schöpfer im Laufe der Zeit mehrmals Lebewesen verschwinden lassen und durch andere ersetzen? Oder in Bezug auf die Verteilung der Arten: Warum leben in Umgebungen mit vergleichbaren Bedingungen (Berge, Wüsten, …) nicht immer dieselben Arten, die fähig sind, dort zu leben? Warum unterscheidet sich die Tierwelt in Abhängigkeit der verschiedenen Regionen der Erde, als hätte es mehrere „Schöpfungen" gegeben, obwohl man erwarten würde, überall die identischen Früchte eines einheitlichen „Planes Gottes" zu sehen? Auf einer ähnlichen Ebene zeigt die Beobachtung der Entwicklung von Arten innerhalb derselben Familie im Laufe der Zeit „evolutionäre Sackgassen", Rückschritte oder, im Gegenteil, das Auftauchen neuer Arten: War der Schöpfer womöglich launenhaft?

Von diesen Fragen gespeist, ermöglichte es die Theorie von der Evolution durch natürliche Selektion, den Anpassungsopportunismus zu erklären, jenes „Flickwerk der Evolution", wie François Jacob es in *Le Jeu des possibles* (1981) ausdrückt. Darwin hat dies meisterhaft demonstriert. Mit einer heute nicht mehr strittigen Kohärenz ist das, was ursprünglich eine

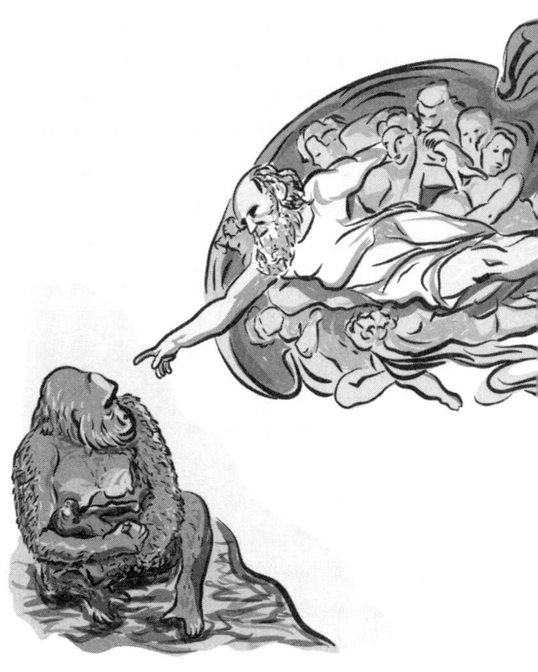

Die Evolutionstheorie hat Darwin weit von der Idee eines göttlichen Ursprungs der Schöpfung entfernt.

Hypothese war, heute weitgehend als Realität anerkannt, mit einem Bündel an Argumenten und Belegen als Grundlage. Angesichts des Berges an Beweisen bleiben in der wissenschaftlichen Welt nur wenige, die widersprechen.

Bis zur Veröffentlichung von *Der Ursprung der Arten* standen die Theorie des Kreationismus und die Natürliche Theologie im Ruf, sie ruhten auf wissenschaftlichen Grundlagen und würden von Gelehrten diskutiert. In der Folge bewirkte der Zusammenbruch der religiösen Argumente bei den Kirchen eine zurückhaltende oder sogar verurteilende Haltung. Wenn die Evolutionstheorie heute weltweit anerkannt ist, so besteht die Kontroverse in den fundamentalistischen Milieus der Vereinigten Staaten weiter und findet vor allem in der Republikanischen Partei Unterstützung. Wie bei den Anhängern Trumps oder Ronald Reagans, der 1980 als Präsidentschaftskandidat erklärte: „Die Evolutionstheorie ist lediglich eine wissenschaftliche Theorie, eine Theorie, die von der wissenschaftlichen Gemeinschaft nicht mehr für so unfehlbar gehalten wird, wie man es früher glaubte. Wenn man sich entschließt, sie in den Schulen zu lehren, so denke ich jedenfalls, dass man auch die biblische Erzählung der Schöpfung lehren sollte."

Für Wissenschaftler wie Newton und später Paley waren Wissenschaft und Religion nicht zu trennen, und die Beobachtung des „Buchs der Natur" offenbarte bis ins Unendliche einen intelligenten und guten Schöpfer: Das wissenschaftliche Studieren der Welt stärkte ihren Glauben an eine höhere Intelligenz, die den Plan der „Schöpfung" entworfen habe. Darwin selbst gestand in seiner Autobiografie, dass ihn diese Lehre zunächst durch ihre Logik fasziniert habe, sie ihm aber schließlich „für die Bildung [seines] Geistes am wenigsten nützlich" erschienen sei: Der Kern seiner Motivation lag in dem beständigen Willen, die belebte Welt einschließlich des Menschen so gut wie möglich zu erklären, zunächst durch die Vorsehung, dann endgültig durch die Wissenschaft.

Der Kreationismus bleibt in manchen konservativen Milieus noch sehr verbreitet.

Darwins Lieblingsbuch an Bord der *Beagle* war *Das verlorene Paradies* (1667) von John Milton, das „heroische Gedicht“ eines humanistischen Theologen, der sich mit der Frage nach Gut und Böse beschäftigte, und auch in dieser Hinsicht war seine Reise eine Initiation. Die Verhaltensweisen, die er bei den Tieren entdeckte, die Grausamkeit, der Parasitismus, der ihn bei den Tieren anwiderte, und bei den Menschen die Sklaverei, die ihn immer wieder empörte, ließen ihn sein Vertrauen in den „wohltuenden und allmächtigen Gott“ der Christen verlieren.

Darwin hat in Patagonien einer ethnischen Säuberung mit der Tötung aller Indianerinnen, die älter als 20 Jahre alt waren, beigewohnt, in Brasilien Folterungen von Sklaven, in Chile der Ausbeutung von Minderjährigen bis zur Erschöpfung, in Argentinien einem Ausrottungskrieg. Er gesteht:

> *„Welch Buch könnte ein Kaplan des Teufels über die schrecklich grausamen Leistungen der Natur schreiben […]. Der Zweifel kroch in einem sehr langsamen Tempo über mich, war am Ende aber vollständig […]. Nach und nach wurde ich dazu gebracht, meinen Glauben an […] eine göttliche Offenbarung zu verlieren.“*[76]

Dieses Umdenken liegt nicht nur in einem logischen, wissenschaftlichen Vorgehen begründet, sondern auch in einer philosophischen Verpflichtung, die er bewusst diskret hielt, wie er einem seiner Notizbücher anvertraute: „Ich muss vermeiden, zu zeigen, wie sehr ich an den Materialismus glaube." Darwin gab privat zwar zu, dass er sich nicht mehr auf ein höheres Wesen bezog, diskutierte das aber nicht öffentlich, da sein Temperament keine Konfrontation zuließ.

Seine Ehefrau ließ es sich nicht nehmen, sich ihm anzuvertrauen, da ihr diese höfliche Zurückhaltung Sorgen machte: „Hoffentlich prägt die Gewohnheit, in der wissenschaftlichen Arbeit nichts zu glauben, bevor es bewiesen ist, nicht Dein ganzes Denken: Es gibt auch Dinge, die nicht in derselben Art zu beweisen sind [...]. Ich möchte auch sagen, daß in der Zurückweisung der Offenbarung eine Gefahr liegt [...]. Alles was Dich angeht, geht auch mich an, und ich wäre sehr unglücklich, wenn wir einander nicht für alle Zeiten angehörten."[77] Auf diesen Brief von Emma, den er immer aufbewahrt hat, notierte der materialistische – und zärtliche – Charles: „Wenn ich tot bin, sollst du wissen, dass ich den Brief viele Male geküßt und Tränen über ihm vergossen habe."[78] Und doch wurde er im Rahmen der Familie, die ebenso sehr durch das Freidenkertum seines Großvaters und seines Vaters wie durch den tiefen Glauben seiner Frau geprägt war, 1851 in seinem eigenen Glauben erschüttert, als seine Tochter Annie, die seit vielen Monaten krank war, im Alter von zehn Jahren starb. Einem Verwandten gestand er, dass er nicht mehr an einen „gütigen Gott" glauben könne.

Darwin, der gewöhnlich einen Unterschied zwischen der gesellschaftlichen Sphäre und dem Privaten machte, bedauerte in einem Brief an den Botaniker Asa Gray aus dem Jahr 1860 all die Kontroversen, die das Buch *Der Ursprung der Arten*, dem er den Spitznamen „das Evangelium des Teufels" gab, ausgelöst hatte: „Was die theologische Seite der Frage angeht, so ist das Thema für mich immer noch schmerzhaft. Es ist mir peinlich, ich hatte nicht die Absicht, antireligiös zu schreiben." Um 1870 erinnerte Darwin seinen Sohn Francis an die Lehre Voltaires, der „entdeckt hatte, dass Angriffe auf das

Emma und Charles Darwin: Eine Liebe und zwei verschiedene Formen des Denkens.

Christentum […] wenig dauerhafte Wirkung haben und dass nur langsame und stille Angriffe über Umwege etwas Gutes haben". 1880 insistierte er: „Obwohl ich ein leidenschaftlicher Verfechter des freien Denkens in allen Bereichen bin, scheint mir […], dass die direkten Argumentationen gegen das Christentum und den Theismus kaum eine Wirkung auf die Öffentlichkeit haben und dem freien Denken am besten durch die allmähliche Erhellung des menschlichen Geistes durch den Fortschritt der Wissenschaft gedient ist. Ich habe es daher immer vermieden, über die Religion zu schreiben und mich auf die Wissenschaft beschränkt."

Anlässlich eines internationalen Kongresses für Freidenker, der 1881 in London stattfand, kam Darwin der Bitte nach, drei von ihnen bei sich zu Hause in Down House zu treffen, darunter Edward Aveling, der ihr Gespräch überliefert hat (der künftige Lebensgefährte von Eleanor Marx, Karls jüngster Tochter, versuchte später, Darwinismus und Sozialismus zusammenzubringen). Darwin empfing sie also am 28. September bei sich, und da sie versuchten, ihn zu überzeugen, entgegnete er ihnen: „Warum so aggressiv? Gewinnt man irgend etwas, wenn man versucht, die Massen zu zwingen, diese neuen Ideen anzunehmen? Das ist sehr gut für gebildete, kultivierte und denkende Individuen; aber sind die Massen dafür reif? [...] Warum bezeichnen Sie sich als Atheisten und sagen, dass es keinen Gott gibt?" Vorsichtige Antwort eines Besuchers: „Wir haben nicht gesagt, dass es keinen Gott gibt [...]. ‚Atheist' ist nur die aggressive Schreibweise von ‚Agnostiker' und ‚Agnostiker' die respektable Schreibweise von ‚Atheist'."[79]

Ein von einer gewissen Lady Hope verfasster Artikel, der 1915 in der baptistischen amerikanischen Zeitung *Watchman Examiner* erschien, behauptete, während seiner letzten Krankheit sei Darwin zur Religion zurückgekehrt. Die Frau, wahrscheinlich eine evangelikale Missionarin, soll seine Worte bei einem Besuch in Down House zusammengetragen haben. Die Behauptung wurde von Darwins eigenen Kindern und später von seinen Biografen für falsch erklärt. Seine Tochter Henrietta, die zum Zeitpunkt seines Todes im Jahr 1882 bei ihm war, bezeugte, dass Charles' letzte Worte Emma galten: „Erinnert Euch, was für eine gute Ehefrau Ihr wart ...".

Seine Biografen Adrian Desmond und James Moore[80] bringen vor, dass Darwin den persönlichen, menschgewordenen Gott des Christentums ablehnte, aber an eine Wesenheit glaubte, die am Ursprung der Gesetze des Universums stehen und die sich nicht um das Schicksal der Menschen kümmern würde. Tatsächlich schrieb Darwin in seiner Autobiografie: „Wenn ich darüber nachdenke, sehe ich mich gezwungen, auf eine Erste Ursache zu zählen, die einen denkenden Geist hat, gewissermaßen dem menschlichen Verstand analog; und ich sollte mich wohl einen Theisten nennen."[81] Später fügte er jedoch hinzu, diese Überzeugung, die er beim Schreiben von *Der Ursprung der Arten* für solide gehalten hatte, habe sich inzwischen aufgelöst:

„Wir sollten die Wahrscheinlichkeit nicht unterschätzen, dass die Erziehung, die Kindern den Glauben an Gott eintrichtert, eine starke und möglicherweise vererbbare Wirkung auf ihr noch formbares Gehirn haben könnte, und dass es für sie genauso schwierig wäre, den Glauben an Gott loszuwerden, wie für einen Affen, die instinktive Angst vor der Schlange loszuwerden."

Diese Passage, die von seiner Frau bei der Veröffentlichung von *Mein Leben* 1887, fünf Jahre nach Darwins Tod, zensiert wurde, hat seine Enkelin Nora Barlow in die Ausgabe von 1958 wieder aufgenommen.

Trotz der falschen Gerüchte und dem lückenhaften Zustand der Schriften, die die Interpretation seines Denkens jahrzehntelang verfälscht haben, kann man heute bestätigen, dass Darwin als Ungläubiger und Agnostiker starb. Eine von Emma Darwin überlieferte Anekdote illustriert diese Entzweiung, nachdem er eingewilligt hatte, mit ihr zu einer spiritistischen Sitzung zu gehen. Unter dem Vorwand, er fühle sich nicht wohl, verschwand Darwin für einen Moment und fand bei seiner Rückkehr den Raum in einer Unordnung vor, die, so wurde ihm gesagt, von „Geistern" verursacht worden sei. In einem Brief an eine Freundin kommentierte Emma seine Reaktion folgendermaßen: „Er will das ganz einfach nicht glauben, er verabscheut die Möglichkeit, dass es sein könnte, und deshalb weigert er sich, die Beweise zu sehen."[82] Man sieht, wie schwierig es für Darwin war, seine materialistischen wie auch religiösen Ansichten in seinem Umfeld und darüber hinaus durchzusetzen, aber da er so umgänglich war, blieb der Ungläubige verliebt in seine abergläubische Gefährtin! Diese Toleranz erklärt vielleicht, dass er mit Unterstützung seiner Frau und unter den Auspizien der anglikanischen Kirche ein Staatsbegräbnis in Westminster Abbey erhielt. Dabei ist Darwin für die

Nachwelt der Vater des Materialismus, der die Bibel zu einem Märchenbuch degradierte!

Indem er auf verblüffende Weise mit Mäßigung und Radikalität jonglierte und indem er Rücksicht auf die Gläubigen nahm, ging Darwin so weit, dass er den Ursprung der Religion und einer höher entwickelten Moral, wie dem Altruismus, in der Biologie suchte. Bei den „Wilden" fand er Hinweise darauf in ihrer Neigung zum Animismus – der den Objekten einen Geist zuschreibt. In einer Anmerkung seines Buches *Der Ausdruck der Gemütsbewegung bei dem Menschen und den Tieren* (1872) zitierte er die Theorie eines Professors Braubach, nach der „ein Hund zu seinem Herrn wie zu einem Gott aufblickt": Dies ist umso interessanter hervorzuheben, als jüngste genetische Studien über Hunde zum einen beweisen, dass er vom Wolf abstammt, von dem man weiß, dass er dem Rudelführer in seinem ersten Jahr blind folgt, und zum anderen, dass der Hund einer starken Selektion unterzogen wurde, um bei ihm die Eigenschaften der Unreife zu bewahren, die ihn an seinen Herrn binden und einen „ewigen Jugendlichen"[83] aus ihm machen. Kurz, wie Darwin diskret, aber kühn nahegelegt hat, ist der Glaube an Gott oder an ein höheres Wesen nicht nur ein kulturelles Phänomen, sondern hat seinen Ursprung im angeborenen Respekt gegenüber dem „Anführer" bei den besonders sozialen Arten wie Hunden und Menschen!

Eine andere entscheidende Frage: Hat die Evolution ein Ziel? Darwin hat darauf klar geantwortet: „In der Variabilität organischer Wesen und in dem Vorgang natürlicher Selektion scheint uns nicht mehr Planung zu stecken als in der Richtung, aus der der Wind bläst."[84] Für ihn ist die Evolution weder teleologisch noch anthropozentrisch: Der Mensch ist nicht das Ziel der Evolution und die Natur hat keinen Plan. Fast anderthalb Jahrhunderte nach seinem Tod ist die Vielfalt der Arten ebenso wenig ein Rätsel wie die Existenz von Fossilien oder die Ähnlichkeit der menschlichen Spezies mit den Primaten: Der

Darwin wurde häufig als Affe karikiert – von denen, die die Vorstellung einer tierischen Herkunft des Menschen in Schrecken versetzte.

Mensch ist wieder in das Tierreich integriert! Die Tragweite der Darwinschen Schlussfolgerungen ist also auch philosophischer Natur.

Der Genetiker Theodosius Dobzhansky (1900–1975), mit Ernst Mayr (1904–2005) zusammen Vater der Synthetischen Evolutionstheorie, das heißt der Aktualisierung des Darwinismus um 1940, formulierte es auf die folgende großartige Weise: „Nichts in der Biologie hat einen Sinn, außer man betrachtet es im Lichte der Evolution."[85] Die Hypothese, die die Evolution noch vor einem Jahrhundert darstellte, ist zum Zement der Biologie geworden, und viele Disziplinen mussten die evolutive Dimension einbeziehen, einschließlich der Anthropologie. Die wissenschaftliche Diskussion findet fast nicht mehr statt, aber die gesellschaftliche Diskussion geht weiter. Der Darwinismus interessiert heute die Geisteswissenschaften, von denen er bis vor Kurzem ausgeschlossen war. Psychologie, Philosophie und sogar die Ethik arbeiten inzwischen mit seinen Erkenntnissen. Wenn man unsere Körperform vergleicht, räumt man heute leicht unsere tierische Herkunft ein, da man weiß, dass ein Schimpanse sich genetisch kaum von einem Menschen unterscheidet. Und doch lassen sich einige nicht vom Beweis der Evolution ohne jeden göttlichen Bezug überzeugen. Bereits zu Darwins Zeiten soll die Frau des anglikanischen Bischofs von Worcester ausgerufen haben: „Der Mensch stammt vom Affen ab? Hoffentlich ist das nicht wahr. Aber wenn es so wäre, dann beten wir dafür, dass es nicht bekannt wird!"

WAR ER UNMORALISCH?

„Ein moralisches Wesen ist jemand, der fähig ist, seine vergangenen oder zukünftigen Handlungen oder Motive zu vergleichen und sie zu billigen oder zu missbilligen. Wir haben keinerlei Grund zu vermuten, dass niedere Tiere über diese Fähigkeit verfügen."

Charles Darwin, *Die Abstammung des Menschen*, 1871.

Isaac Newton oder Albert Einstein waren Deisten, und ihre Theorien der Physik passen sehr gut zu diesem Glauben. Die Evolutionstheorie ist sehr viel unbequemer, weil sie sich nicht damit begnügt, die Wissenschaft zu revolutionieren: Sie stellt die Religion und die westliche Philosophie in Frage, vor allem die Moralphilosophie. Vor Darwin antwortete die Wissenschaft auf die Frage nach dem „Wie" und die Religion auf die Frage nach dem „Warum". Die beiden teilten sich sogar die Zukunft: Die Wissenschaft versprach den Fortschritt und die Religion das Paradies. Mit dem Darwinismus, der das „Warum" beantwortet, indem er jede Zweckbestimmtheit in Abrede stellt, ist „der Alte Bund gebrochen", wie Jacques Monod es am Ende von *Zufall und Notwendigkeit* (1971) formuliert: „Der Mensch weiß endlich, daß er in der teilnahmslosen Unermeßlichkeit des Universums allein ist, aus dem er zufällig hervortrat. Nicht nur sein Los, auch seine Pflicht steht nirgendwo geschrieben. Es ist an ihm, zwischen dem Reich Gottes und der Finsternis zu wählen."[86]

Bischof Samuel Wilberforce bezeichnete Darwins Theorie als „unmoralische und antichristliche Lehre", da sie die Grundlagen der Moral untergrabe. In einem Brief an seinen Botanikerfreund Asa Gray kehrte Darwin 1860 das Argument um: „Es gelingt mir nicht, ebenso vollständig wie andere und auch nicht so vollständig wie ich es mir wünschte, in dem, was uns umgibt, den Beweis für eine Absicht und zwar eine großherzige Absicht zu sehen. Mir scheint, es gibt zu viel Elend in dieser Welt. Es gelingt mir nicht, mich davon zu überzeugen, dass ein gütiger und allmächtiger Gott absichtlich Ichneumons [parasitäre Schlupfwespen] hat schaffen können, mit der Absicht, sie sich vom Inneren des Körpers lebender Raupen ernähren zu lassen, oder Katzen, die mit Mäusen spielen."

Das Wort „Selektion" ist zwar frappant, wie Herbert Spencer urteilte, kann aber zu Verwirrung führen, indem es ein Ziel der Evolution und damit einen Selektierer vermuten lässt. Darwin hingegen beschreibt einen blinden Prozess, der sich selbst genügt. Seiner Ansicht nach ist die menschliche Moral nicht Ergebnis eines wohlmeinenden göttlichen Willens oder eines evolutionären Fortschritts, sondern eine zufällige Folge der sozialen Entwicklung und hätte eine ganz andere Richtung nehmen können: „Wenn, um einen ganz extremen Fall zu nehmen, Menschen z. B. unter genau denselben Bedingungen wie Honigbienen aufgezogen würden, so kann schwerlich bezweifelt werden, daß unsere unverheirateten Mitmenschen weiblichen Geschlechts es für ihre heilige Pflicht halten würden, ebenso wie die Arbeitsbienen, ihre Brüder zu töten; die Mütter würden darin wetteifern, ihre fruchtbaren Töchter zu töten, und niemand würde auch nur daran denken, Einspruch zu erheben."[87] Darwin fasst seine Position zur Moral folgendermaßen zusammen: „Das Moralgefühl des Menschen tritt auf Grundlage zweier Elemente zutage, die man im Tierreich beobachten kann. Einerseits dem Vorhandensein von intellektuellen und emotionalen Fähigkeiten. Andererseits der Existenz einer Reihe von sozialen Instinkten, aus denen sich das Moralgefühl entwickeln kann."[88]

Diese Kontinuität des „Moralgefühls" beim Menschen und den anderen Tierarten konnte von seinen Zeitgenossen jedoch nur schwer akzeptiert werden, insbesondere von den streng Gläubigen wie Adam

Sedgwick, Darwins ehemaligen Geologieprofessor, der damit überhaupt nicht einverstanden war: „Die angebliche physikalische Philosophie von heute entkleidet den Menschen aller seiner moralischen Attribute. [Darwins Theorie deutet] auf ein demoralisierendes Verständnis seitens ihrer Verfechter hin. Was ist es, das uns das Empfinden für Recht und Unrecht vermittelt? Für Gesetz? Für Pflicht? Für Ursache und Wirkung?“[89]

In *Die Abstammung des Menschen*, seinem zweiten großen Buch, gibt Darwin einen Vorgeschmack auf die Thesen von Kropotkin und Hamilton zur gegenseitigen Hilfe und der Verwandtenselektion: „Den mit sozialen Instinkten versehenen Tieren bereitet es Vergnügen, in Gesellschaft zu sein, sie warnen sich gegenseitig vor Gefahr, verteidigen sich und helfen sich gegenseitig auf viele Arten [...]. Der Eindruck des Vergnügens, den die Gesellschaft verschafft, ist wahrscheinlich eine Ausweitung der verwandtschaftlichen oder der kindlichen Zuneigung; diese Ausweitung kann man vor allem der natürlichen Selektion zuschreiben, und vielleicht auch teilweise der Gewohnheit. Denn bei den Tieren, für die das Leben in Gesellschaft vorteilhaft ist, können die Individuen, die am meisten Vergnügen darin finden, vereint zu sein, verschiedenen Gefahren am besten entgehen [...]. Es ist unnötig, über den Ursprung der Zuneigung der Eltern zu ihren Kindern und der Kinder zu ihren Eltern zu spekulieren; diese Zuneigungen bilden natürlich die Grundlage der gesellschaftlichen Zuneigungen.“

Seine Sicht der Moralentwicklung beim Menschen gründete auf der sozialen Gruppe und läutete die Populationsgenetik ein: „Auch wenn ein hohes Niveau an Sittlichkeit einem einzelnen Menschen oder seinen Kindern nur einen leichten Vorteil oder gar keinen über die anderen Menschen desselben Stammes verleiht, so werden eine Zunahme der Zahl sehr begabter Menschen und eine Steigerung des Moralniveaus einem Stamm sicherlich einen gewaltigen Vorteil gegenüber einem anderen verschaffen.“ Er hat auch die Definition einer

Form von Altruismus geliefert, die der Soziobiologe Robert Trivers 1971 als „gegenseitigen Altruismus" beschrieb: „Da die Fähigkeiten der Voraussicht und des Denkens der Mitglieder [der Stämme] sich verbesserten, lernte jeder Mensch bald, dass er, wenn er seinesgleichen half, im Allgemeinen Hilfe zurückbekam."

Darwin, der den Menschen zu den Tierarten zählte, hat sich in *Die Abstammung des Menschen* als das gezeigt, was man einen „Kontinuisten" nennt, das heißt als Anhänger einer bruchlosen Kontinuität zwischen den Arten einschließlich der unsrigen:

„Jedes Tier, welches auch immer, das mit ausgeprägten sozialen Instinkten versehen ist, die elterliche oder kindliche Zuneigung einschließen, würde unvermeidlich ein Moralgefühl oder moralisches Gewissen erwerben, sobald seine geistigen Fähigkeiten sich auf dasselbe oder fast dasselbe Niveau hin entwickelt hätten wie beim Menschen."

Und doch sah er das bei unserer Spezies extrem entwickelte Moralgefühl als das Unterscheidungsmerkmal des Menschen an, das dem Menschen Eigene: „Von allen bestehenden Unterschieden zwischen dem Menschen und den niederen Tieren ist das Moralgefühl der bedeutendste."

Genau auf diesem hohen Verständnis des Moralgefühls als Zeichen des Menschseins hat Darwin eine Hierarchie zwischen den Gesellschaften aufgebaut und die jüdisch-christliche Kultur von den „niederen Rassen" unterschieden. Der letzte Ausdruck gehört seiner Zeit an und hat ihm, wie wir gesehen haben, bisweilen die Bezeichnung „Rassist" eingebracht, was eine Fehlinterpretation ist, da Darwin einen antirassistischen Humanismus predigte, wie er typisch für das Zeitalter der Aufklärung war: „Je weiter der Mensch in der Zivilisation voranschreitet und die kleinen Stämme sich zu größeren Gemeinschaften vereinen, desto stärker sollte die einfache Vernunft jedem Individuum klar machen, dass es seine sozialen Instinkte und seine Sympathien auf alle Angehörigen derselben Nation ausweiten soll, selbst wenn sie ihm persönlich unbekannt sind. Sobald dieser Punkt einmal erreicht ist, kann allein eine künstliche Barriere verhindern, dass seine Sympathien sich auf die Menschen aller Nationen und aller Rassen ausweiten."

Die Moral nach Darwin ist utilitaristisch: Ihm zufolge liegen die sozialen Instinkte nicht in einem göttlichen Willen begründet und sind auch kein höchstes Stadium der Evolution, so wie es Spencer vertrat, der Komplexität mit Überlegenheit gleichsetzte; sie haben sich einfach durch die Tatsache der Adaption mancher Arten an ihre Lebensweise entwickelt. So drücken sich die Kaiserpinguine auf dem Packeis nicht aus einem abstrakten sozialen Instinkt aneinander, sondern um sich in der antarktischen Kälte bei -30° C warm zu halten und um den Wind zu überleben, der mit bis zu 300 km/h wehen kann! Darwin entsakralisiert die Moral und analysiert den Altruismus als einen Egoismus zweiten Grades, das Resultat des kollektiven Interesses, was ihm übrigens nichts von seinem Wert nimmt: „So findet sich der Vorwurf ausgeräumt, die Grundlagen dessen, was unsere Natur an Edelsten hat, würde unter das schändliche Prinzip des Egoismus platziert; es sei denn wiederum, man würde die Befriedigung, die jedes Tier empfindet, wenn es seinen eigenen Instinkten gehorcht, und das Bedauern, das es empfindet, sobald es daran gehindert wird, Egoismus nennen." Darwin grenzt sich hier deutlich von Spencer und Malthus ab: Er war weit davon entfernt, die Aufgabe oder Eliminierung der Schwächsten zu empfehlen und bewunderte und befürwortete eine Gesellschaft, in der man „die Idioten, Krüppel und Kranken"[90] schützt! Besser noch, Darwin setzte seine Überlegungen in Taten um: Auch wenn er ungläubig war und somit keine Hoffnung auf Erlösung damit verband, praktizierte er täglich christliche Nächstenliebe. Die Berichte darüber stimmen überein, dass er ein Ehrenmann war, ein guter Sohn, Ehemann und Familienvater, ein treuer und toleranter Freund – vor allem Wallace und FitzRoy gegenüber, obwohl die beiden seiner These inzwischen ablehnend gegenüberstanden –, der sich lieber seinen Kindern und seinen Forschungen widmete als nach Ehrungen und Reichtum zu streben. Ein äußerst empfindsamer Mensch, der die Natur, Pflanzen und Tiere leidenschaftlich liebte, der sein Medizinstudium aufgegeben hatte, um kein Blut sehen, beim Sezieren teilnehmen oder Patienten schreien hören zu müssen – berührt vom Elend und dem Leiden der menschlichen ebenso wie der tierischen Welt.

WAR ER RECHTS ODER LINKS?

„Kann die Linke eine darwinistische Auffassung von der menschlichen Natur akzeptieren?"

Peter Singer, *Linke, hört die Signale! Vorschläge zu einem notwendigen Umdenken*, 2018.

Ist man rechts, wenn man die Existenz des Angeborenen, die Vererbung, die Genetik akzeptiert und links, wenn man die Betonung auf das Erworbene, auf Erziehung und Kultur legt? Wir haben gesehen, dass dieser Gegensatz durch die Verhaltensforschung vor über einem halben Jahrhundert auf den Müllhaufen der Geschichte geworfen wurde, als man entdeckte, dass das Angeborene und das Erworbene in jedem Tier unauflöslich und je nach Art in unterschiedlichem Anteil vermengt sind. Wir haben auch gesehen, dass der Darwinismus – bevor er durch Pjotr Kropotkin „links" rehabilitiert wurde –

Zerrissen zwischen Kropotkin und Spencer, von der Linken wie der Rechten für deren Zwecke eingespannt – dabei hatte Darwin nichts von einem Ideologen.

dem Kapitalismus und dem sogenannte „rechten“ Denken zugeschrieben wurde, wegen seiner Beharrlichkeit, aus dem Kampf ums Dasein und der natürlichen Selektion den Mittelpunkt des sozialen Lebens zu machen. Für seine heftigsten Kritiker, wie Karl Marx, wurde der Darwinismus als eine Anwendung der wirtschaftlichen Regeln der viktorianischen Gesellschaft auf die Welt des Lebendigen angesehen. Wenn diese Kritik auch geschickt war, da die Darwinschen Prinzipien, die sich auf die Biologie gründeten, auf die gesellschaftlichen Verhältnisse seiner Zeit ausgeweitet wurden, scheint sie unangebracht, da die Evolution – im Gegensatz zu dem, was der Sozialreformer dachte – mehr als eine philosophische Theorie ist, die es zu diskutieren gilt. Sie ist operationell und „robust“, da sie anderthalb Jahrhunderte lang Infragestellungen und tausende Ankündigungen ihrer Kritiker, dass sie verschwinden würde, überstanden hat. Während Marxismus und Psychoanalyse nach Karl Popper keine Wissenschaften sind, da sie unverifizierbar sind, ist der Darwinismus eine echte wissenschaftliche Hypothese, da er bewiesen ist: Er wurde von späteren Entdeckungen validiert, insbesondere seit 1970 durch eine Vielzahl an Arbeiten zur DNA in der Molekularbiologie.

Tatsächlich liegen die Wurzeln der kapitalistischen Ideologie vor dem Erscheinen von *Der Ursprung der Arten* von Darwin, da Herbert Spencer sie bereits in *The Right to Ignore the State* (1850) beschrieben hatte. Der Wirtschaftsliberalismus, der sich auf die Biologie und den Darwinismus stützte, um der kapitalistischen Ideologie Wissenschaftlichkeit zu verleihen, stützte sich auf die Thesen der Gründer dieser Schule: Thomas Hobbes, was den natürlichen Egoismus des Menschen als Grundlage jeder Gesellschaft betrifft und Adam Smith, was die freie Konkurrenz angeht, die die Märkte regelt und das Glück der Menschheit sichert.

Die Verbindung zwischen Liberalismus und Darwinismus ist dabei jedoch nicht eingebildet. Es stimmt, dass der rasche Erfolg von *Der Ursprung der Arten* – in vielen Ländern außer in Frankreich – jenem aggressiven, übertriebenen Fortschrittsglauben geschuldet ist, der im 19. Jahrhundert im Westen vorherrschte, vor allem in Großbritannien. Die draufgängerische Atmosphäre passte gut zu der sogenannten Darwinschen Theorie der „Selektion der Fähigsten“, was deren überwältigenden Erfolg erklärte. Gleichzeitig ermöglicht sie, die Vermischung mit dem „Sozialdarwinismus“ zu verstehen, der als ihre logische Folge erschien.

Sicherlich hat diese Rechtfertigung sozialer Dominanz in unserer Spezies Schäden angerichtet und richtet sie weiter an, aber soll man Darwin diese Auswüchse vorwerfen, von denen er sich entfernt hielt und von denen er sich abgegrenzt hat? Man kann einerseits antworten, dass Darwin sehr viel mitfühlender als die meisten seiner Zeitgenossen war, andererseits, dass – wenn man einen Erfinder nach den Anwendungen seiner Entdeckung beurteilt – auch der Chinese, der das Knallfrosch-Pulver erfunden hat, verantwortlich für alle Kriege wäre, da andere nach ihm die Feuerwaffen erfunden haben… Der Kapitalismus hat gewiss nicht auf Darwin gewartet, um zu existieren!

Soll man Darwin also dafür verurteilen, dass er die Büchse der Pandora geöffnet hat, wo er doch erkannt hatte, dass seine Evolutionstheorie gigantische gesellschaftliche Folgen haben würde, sobald man sie auf menschliche Gesellschaften anwenden würde? Hatte Albert Einstein (1879–1955) recht, nach der Explosion der Atombombe in Hiroshima am 6. August 1945 zu erklären, er hätte besser daran getan, Klempner zu werden, um die gesellschaftliche Konsequenz seiner Formel $E = mc^2$ zu vermeiden? Dies ist der endlose, ergebnisoffene Prozess von Wissenschaft und Gewissen, über den wir nicht zu urteilen haben.

Die Denker, von rechts wie von links, haben sich getäuscht, als sie glaubten, dass der Darwinismus – faktisch der „Sozialdarwinismus" – politische Ziele habe und sich als wissenschaftliche Grundlage einer auf Wettbewerb und Daseinskampf gründenden Gesellschaft verstehe. Um dabei klar zu sehen, muss man unparteiische Zeugen einberufen, die fähig sind, nicht systematisch das „Angeborene" der Rechten und das „Erworbene" der Linken zuzusprechen. Der australische Philosoph Peter Singer mischte in seinem Manifest mit dem Titel *A Darwinien Left: Politics, Evolution and Cooperation*[91] ganz am Ende des 20. Jahrhunderts die Diskussion auf: „Der verständliche, aber unglückliche Fehler der Linken, das darwinistische Denken betreffend, bestand darin, die Annahmen der Rechten zu akzeptieren, angefangen bei der Vorstellung, dass der Darwinsche Kampf ums Dasein der Sicht der Natur entspricht, die durch Tennysons denkwürdigen (und prädarwinistischen) Ausspruch ‚Die Natur, mit blutigen Zähnen und Klauen' nahegelegt wird. […] Die Tatsache, dass der Darwinismus des 19. Jahrhunderts von der Rechten besser erkannt wurde als von der Linken, ist daher zumindest teilweise den Beschränkungen des darwinistischen Denkens dieser Zeit zu verdanken [...]. Das moderne darwinistische Denken beinhaltet sowohl Konkurrenz als auch gegenseitigen Altruismus, der eigentlich ein technischerer Begriff für Kooperation ist [...]. Eine kooperative Gesellschaft respektiert die linken Werte stärker als eine konkurrenzorientierte Gesellschaft [...]. Jede menschliche Gesellschaft weist Tendenzen zur Konkurrenz und zur Kooperation auf [...]. Der Mensch ist zur Kooperation geboren. Warum also hat die Linke den biologischen Verhaltenstheorien so wenig Aufmerksamkeit geschenkt und es der Rechten überlassen, den Darwinismus und den ‚Kampf ums Dasein' für sich in Anspruch zu nehmen?"[92]

Ein anderer notwendigerweise „komplexer" Denker, da er auf der Linken stand und Genetiker war, der französische Nobelpreisträger François Jacob (1920–2013), schloss sich der vorherigen Meinung an: „Über die Anwendung der Evolutionstheorie auf gesellschaftliche Fragen ist es immer dieselbe Diskussion, da gibt es die Rechte und die Linke. Es ist immer dasselbe, der Anteil der Erbanlagen und der Anteil des Milieus [...]. Wir werden für lange Zeit nicht die Möglichkeiten haben, das genauer auseinanderzunehmen, aber ich denke, dass wir als sehr viel enger determiniert zum Vorschein kommen werden, als wir es heute glauben. Aus meiner Sicht ist jedes Individuum das Ergebnis eines Zusammenwirkens von Biologie und Umgebung. Und es ist sehr schwierig, den Anteil eines jeden davon zu bestimmen, auch wenn das von Interesse sein mag."[93]

Gehört Darwin zur Rechten oder zur Linken? Eine Antwort auf diese naive Frage wäre, dass der Darwinismus natürlich genauso wenig sozial ist wie er sozialistisch ist. Darwin hat sich in *Die Abstammung des Menschen* öffentlich gegen den „Sozialdarwinismus" gestellt, und Kropotkin hat den Darwinschen Begriff der Konkurrenz durch den der Kooperation vervollständigt – der in Darwins Schriften im Kern angelegt war –, um ein sozialistisches Projekt vorzulegen, das von Singer als „darwinistische Linke“ bezeichnet wurde. Um es ganz klar zu sagen, zeigt sich Darwin also nicht notwendigerweise als rechts, wie manche – rechts oder links – behaupten. Der Vater der Evolution kann ebenso legitimerweise von der Linken beansprucht werden, die ihn häufig ignoriert oder kritisiert hat.

Der Mensch besteht nicht einfach aus Wachs, das die Bildung modellieren kann, anders als Anhänger der Linken immer wieder behaupten. Er wird auch nicht vollständig von seiner angeborenen Aggressivität geleitet, wie man es sich seit Hobbes in den rechten Milieus vorstellt. Wettbewerb und Kooperation, diese beiden in Gegensatz gestellten Begriffe, schließen sich in Wirklichkeit in den tierischen Gesellschaften so wenig aus wie in den menschlichen, auch wenn es stimmt – wie es Kropotkin und dann Hamilton vorgaben und vor ihnen etwas zurückhaltender Darwin –, dass diese beiden Kräfte sich ergänzen, um Einfluss auf dasselbe Phänomen zu nehmen: die gesellschaftliche Evolution.

WAR ER EIN WEGBEREITER DES „TIERSCHUTZES“?

„Die Tiere – die wir zu unseren Sklaven gemacht haben – sehen wir nicht gerne als unseresgleichen an […]. Es genügt, Welpen beim Spielen zuzusehen, um keinen Zweifel daran zu haben, dass sie über einen freien Willen verfügen, wie es bei allen Tieren der Fall ist.“

Darwin, *Le Corail de la vie. Carnet B, 1837 – 1838*, 2008.

Die enge Verwandtschaft unserer Spezies mit anderen Angehörigen der Tierwelt auf morphologischer wie physiologischer Ebene setzt sich gewiss auf psychologischer und emotionaler Ebene fort. Diese Nähe wurde und wird in vielen Kulturen anerkannt, vom alten Ägypten bis zum modernen Indien, wo das Tier Teil der Mythologie und der Familie ist. Die westliche Kultur bevorzugte die Antithese und hat den Menschen dem Tier entgegengestellt, bis Darwin wissenschaftlich nachwies, dass es zwischen uns und anderen Arten einen graduellen, aber keinen wesenhaften Unterschied gibt, wie es seitdem Genetik und Verhaltensforschung durch immer neue Entdeckungen bestätigt haben. Die Debatte über die Tiernatur des Menschen war immer eng mit der Debatte über seinen Platz in der Natur verbunden – heute spricht man von „politischer Ökologie" –, und es ist nicht unbedeutend, dass Descartes, der die Idee des wissenschaftlichen und technischen Fortschritts verbreitete, dies auch mit dem „Maschinen-Tier" tat. Wie kann man behaupten, dass ein Hund oder ein Affe nicht denkt oder fühlt, wenn man diese Tiere auch nur fünf Minuten lang beobachtet hat? Descartes war vor allem deshalb so reduktionistisch, weil viel auf dem Spiel stand und er sich nicht mit Selbstverständlichkeiten aufhalten konnte, die ihn störten: Damit der Mensch über eine Seele verfügt, die das Zeichen seiner privilegierten Beziehung zu Gott ist, mit der Verheißung der Erlösung im Paradies, und er gleichzeitig das Tier als Nahrungsquelle oder Arbeitskraft ausbeuten – ja, misshandeln – kann, musste er letzterem Intelligenz und Schmerzempfinden absprechen …

In einem seiner Notizbücher drückt Darwin sein Mitgefühl für Tiere aus, ein Thema, das in unserer Gesellschaft an Relevanz gewinnt und sich in der Entwicklung des Tierschutzes zeigt:

„Unsere Tiere, unsere Gefährten, unsere Brüder im Schmerz, in der Krankheit, dem Tod, dem Leiden und dem Hungern, unsere Sklaven in den mühseligsten Arbeiten, unsere Gefährten in unseren Vergnügungen – es kann sein, dass sie eng mit unserem Ursprung in einem gemeinsamen Vorfahren zusammenhängen, es kann sein, dass wir alle gemeinsam verbunden sind.“[94]

Da er die Misshandlung von Tieren, vom Zirkushund bis zum Arbeitspferd, nicht ertragen konnte, gestand er, dass er sich lange Zeit Vorwürfe gemacht habe, weil er einen Hundewelpen geschlagen hatte. Diese Empfindsamkeit brachte ihn persönlich dazu, dass er seine naturkundlichen Sammlungen auf das absolut notwendige Minimum reduzierte, aufhörte, zu jagen und in seiner Autobiografie bekannte: „Die Urinstinkte des Barbaren machten langsam den erworbenen Neigungen des zivilisierten Menschen Platz.“[95] Er bezog auch offen Stellung zugunsten eines Gesetzesvorhabens zur Vivisektion, unterstützte dabei seinen Schwiegersohn Richard Buckley Litchfield und schrieb in diesem Sinne einen Brief an die *Times*. 1871 antwortete er dem Zoologieprofessor Edwin Ray Lankester auf eine Frage dazu: „Sie fragen, was ich von der Vivisektion halte. Ich stimme vollkommen zu, dass sie im Falle echter physiologischer Untersuchungen gerechtfertigt sein kann, nicht aber durch eine verwerfliche und verabscheuungswürdige Neugier. Es ist ein Thema, das mich vor Entsetzen krank macht, und aus diesem Grund möchte ich kein einziges Wort mehr sagen, sonst werde ich die ganze Nacht nicht schlafen können.“[96]

Darwin, der als Begründer der Evolution, Verhaltensforschung und Ökologie angesehen wird, kann auch als Wegbereiter des „Tierschutzes“ betrachtet werden – was die meisten seiner Biografen nicht thematisiert haben. Er hat sich jedoch nie für Tierrechte eingesetzt – das Thema war damals gerade erst im Aufkommen –, und von seinem Beitrag zur Vivisektion abgesehen, hat er sich, wie es seine Art war, im Unterschied zu Montaigne, da Vinci, Hugo, Tolstoi oder Zola, kaum öffentlich zu diesem heiklen Thema geäußert. Dagegen liefert die Evolutionstheorie die objektiven Grundlagen für die Tierethik, indem sie zeigt, dass die Überlegenheit unserer Spezies über die anderen ein subjektives Urteil und keine wissenschaftliche Tatsache ist und dass das, was als das „dem Menschen Eigene" bezeichnet wurde, im Keim auch im Tier zu finden ist. Außerdem gibt es aus Darwins Alltagsleben eine Fülle von Beispielen für seine Empfindsamkeit gegenüber tierischem Leiden, und sogar – eine Ausnahme bei diesem extrem vorsichtigen Mann – für sein Engagement zugunsten der Tiere: Als ein benachbarter Bauer seine Schafe verhungern ließ, sammelte Darwin Beweise für die Untat und brachte den Fall

Darwin war der Ansicht, dass es ein tierisches Bewusstsein gibt, eine heute immer stärker akzeptierte Vorstellung.

vor Gericht. Eine andere bezeichnende Anekdote: Sein Sohn Francis erinnerte sich, wie sein Vater einmal ganz ergriffen von einem Spaziergang zurückkam: Er hatte entgegen seiner üblichen Zurückhaltung heftig mit einem Kutscher gestritten, der ein krankes Pferd misshandelte …

Die moderne Verhaltensforschung hat Descartes entkräftet und Darwin bestätigt. Tatsächlich sind die kognitiven und affektiven Fähigkeiten von Tieren, insbesondere von sozialen Säugetieren, inzwischen als denen des Menschen sehr ähnlich bestätigt. Darwin machte dies in *Die Abstammung des Menschen* deutlich: „Natürlich kann man einräumen, dass kein Tier ein Bewusstsein seiner selbst hat, wenn man damit meint, dass es sich Gedanken darüber macht, woher es kommt und wohin es geht und so weiter. Aber sind wir wirklich sicher, dass ein alter Hund, der über ein ausgezeichnetes Gedächtnis und etwas Vorstellungskraft verfügt, wie es seine Träume beweisen, niemals über seine früheren Freuden, die Jagd oder seinen Verdruss nachdenkt? Wäre das eine Form des Bewusstseins seiner selbst? […] Wenn sich die geistigen Fähigkeiten des Menschen auch im Grad von denen der Tiere, die unter ihm stehen, immens unterscheiden, so unterscheiden sie sich nicht in ihrer Natur. Ein Unterschied im Grad, so groß er auch sein mag, berechtigt uns nicht dazu, den Menschen in ein eigenes Reich zu stellen […].“

„Es existiert keinerlei Unterschied zwischen dem Menschen und den höheren Tieren, was ihre geistigen Fähigkeiten betrifft.“

Die Abstammung des Menschen ist das Werk eines Menschen, der seiner Epoche weit voraus war, vor allem auf der Ebene dessen, was man heute „Bioethik“ und „Tierschutz“ nennt, und das ist der Grund, weshalb das Buch sehr viel weniger gelesen und vor allem weniger verstanden wurde als *Der Ursprung der Arten*, das leichter zugänglich ist. Dieser „Folgeband" Darwins nach seinem fundamentalen Werk beschäftigt sich mit den schwierigsten Fragen der menschlichen Natur, indem es anhand natürlicher Mechanismen erklärt, was übersinnlich erschien – wie den Altruismus. Die Klippe des Materialismus besteht in der Tat darin, dass er die Moral zu leugnen scheint, eine Sackgasse, in die der Darwinismus nicht geraten kann, da er zeigt, dass das „Moralempfinden" dem gesamten Tierreich zu eigen ist, einschließlich dem Menschen. Wie Aristoteles, der sowohl Philosoph als auch Zoologe war, praktiziert Darwin sowohl die Humanwissenschaften als auch die Biowissenschaften. Wenn er auch für sich in Anspruch nimmt, Wissenschaftler zu sein, indem er seine Theorie der natürlichen Entwicklung der Arten begründet, ist er doch auch Philosoph und Moralist, auch wenn er sich nicht als einen solchen bezeichnet, wenn er darlegt, wie außergewöhnlich die Entwicklung von Intelligenz und Bewusstsein bei unserer Spezies ist. Das hat in unseren Gesellschaften natürlich das Interesse von Tierschützern geweckt.

IST ER GLAUBWÜRDIG?

„Das ist sehr hübsch, aber mir fällt es schwer zu glauben, dass ich von einem Kabeljau abstamme."

Voltaire, „Les colimaçons du Révérend Père l'Escarbotier", *L'Évangile du jour*, 1769.

In der Ideengeschichte bilden die Evolutionstheorien ein eigenes Feld, ganz besonders der Darwinismus und seine Folgen, seine neuen Formen bis hin zu seinen aktuellen politischen Avataren vor dem Hintergrund drastischer Rechts-Links-Spaltungen. Darwin war auf der Suche nach Wahrheit und nicht nach einer Ideologie. Er suchte nach kausalen Erklärungen, wollte aber niemanden schockieren und verabscheute fruchtlose Debatten, die dem Zuwachs an Wissen nicht dienlich sind. Deshalb entschied er sich dafür, sich auf die Naturwissenschaften zu konzentrieren, er, der eine Theorie ausschließlich nach ihrer Brauchbarkeit, die Welt zu erklären, beurteilte, und vermied es, die Sozialwissenschaften zu kommentieren. Seine wissenschaftliche Leidenschaft bestand darin, über die Natur zu berichten und nicht über menschliche Angelegenheiten, die ihm zu spekulativ waren.

Indem Darwin im Laufe der Jahre seine Evolutionstheorie entwickelte, die, was das Verständnis des Lebens angeht, konkurrenzlos blieb, flüchtete er sich in seine Forschungen, ohne Stellung in den „Darwinschen Kriegen" zu beziehen: Seine desillusionierte Überraschung angesichts der leidenschaftlichen Debatten über die soziale Tragweite des Darwinismus bei der 50. *Versammlung Deutscher Naturforscher* oder sein bedauernder Kommentar, als sein Nachbar John Lubbock bei den Parlamentswahlen kandidierte, dass „ein so bedeutender Wissenschaftler von der Politik ergriffen wird", da er diese für „arm und prosaisch"[97] hielt, sind Belege dafür. Darwin, der in der Ideengeschichte das komplexeste und kühnste Konzept für unsere Gesellschaften einführte, weigerte sich, sich auf das Spiel der Ideologien und schon gar nicht des Fanatismus einzulassen. So hat er sich alle Ideologen zum Feind gemacht, die ihn nicht für sich vereinnahmen konnten!

Die „Darwinschen Kriege" werden weitergehen. Tatsächlich, wie der Biologiephilosoph Jean Gayon (1949–2018) am Ende eines Vortrags über den Darwinismus sagte: „Die Wissenschaft ist nicht nur ein Ensemble praktischer Rezepte, um den Komfort des Alltagslebens und die Macht derer, die über welche verfügen, herzurichten, sondern auch ein Versuch, die Natur verständlich zu machen, ein unendlich offener und legitimerweise polemischer Versuch."[98] Sein ganzes, der Wissenschaft gewidmetes Leben lang versuchte Darwin, mit dem Anspruch auf Genauigkeit klar und deutlich darzustellen, was komplex ist und folglich Grund zur Diskussion gibt:

> *„Ich weiß noch, wie ich in der Good Success-Bucht in Tierra del Fuego dachte […], ich könne mit einem Leben nichts Besseres anfangen als einen kleinen Beitrag zur Naturwissenschaft zu leisten. Das habe ich nach besten Kräften getan, und Kritiker mögen sagen, was sie wollen; diese Überzeugung können sie mir nicht nehmen."*
>
> Darwin, *Mein Leben*, S. 131.

Hat er wenigstens die englischsprachige Welt überzeugt? 1982 glaubten 44 Prozent der Einwohner der Vereinigten Staaten, dass Gott den Menschen und die belebte Welt erschaffen habe. Dreißig Jahre später waren es 46 Prozent! Laut einer 2004 an amerikanischen Universitäten durchgeführten Gallup-Umfrage glaubten nur 13 Prozent der Befragten, dass der Mensch ohne göttliches Zutun entstanden ist. Die knappe Hälfte, die bei den amerikanischen Präsidentschaftswahlen 2020 für die Konservativen war, erklärte, an Gott zu glauben und an Amerika – nicht aber an Darwin.

Um zu begreifen, warum ein Teil der Menschheit den Darwinismus weiterhin für wenig glaubwürdig hält oder ihn sogar ablehnt, muss man sich vergegenwärtigen, dass die Theorie von der Evolution und der natürlichen Selektion über ihren wissenschaftlichen Beitrag hinausgeht, indem sie die Frage nach dem Ursprung stellt, unsere Ursprungsmythen infrage stellt und an den Grundfesten des Glaubens rüttelt, auf denen so viele Generationen vor uns ihr Leben und unsere Zivilisation aufgebaut haben. Indem Darwin den Platz der menschlichen Spezies innerhalb aller Lebewesen neu definierte, forderte er seine Mitmenschen implizit dazu auf, ihre Vorstellung von der Welt und damit ihre Werteskala zu überdenken. Eine anspruchsvolle Aufgabe, nachdem der Mensch so lange von seiner überragenden Stellung in einer Natur überzeugt war, die er beherrschte und sich nutzbar machte. Selbst Cuvier blieb an der Wende vom 18. zum 19. Jahrhundert, nachdem er die paläontologischen Beweise für die Evolution gesammelt hatte, dem Denken seiner Zeit treu, indem er am „Fixismus" festhielt, der die Entwicklung der Arten grundsätzlich leugnete und in Frankreich noch jahrzehntelang Anhänger in der Wissenschaft fand. Im Gegensatz dazu verhielt sich Darwin wie ein Taschenspieler, indem er klug die zweite Ebene der gesellschaftlichen Folgen seiner wissenschaftlichen Theorie verschwinden ließ und die Entdeckung seines polemischen „doppelten Bodens", der heute ganz offensichtlich ist, auf später verschob und es anders als Lamarck vermied, die gesellschaftlichen Probleme in seinen Werken zu thematisieren, die seine große Entedeckung in der Biologie anfechtbar machten.

Es dauerte einige Zeit, bis der wissenschaftliche Darwinismus anerkannt wurde, zunächst in den englischsprachigen Ländern bis nach Nordamerika, dann ein halbes Jahrhundert später in Frankreich, dem Land Descartes', an dessen Unterscheidung zwischen Tier und Mensch viele immer noch festhalten. Endlich interessieren sich die Geisteswissenschaften für die biologische Evolution, die den Status unserer Spezies revolutioniert. Philosophie, Recht und Ethik räumen ein, dass das Tier vernachlässigt worden ist, obwohl es selbst oder besser gesagt das Studium seiner zwei Millionen Arten für das Verständnis unserer eigenen, so einzigartigen Art unerlässlich ist.

In Frankreich, dem Land der Menschenrechte, war diese Infragestellung gewaltig. Man sah sich dort mit einer naturwissenschaftlichen Erklärung konfrontiert, die mit Lamarck ihren Anfang genommen hatte. Lassen wir den großen Evolutionsbiologen Ernst Mayr schließen: „Die Darwinsche Revolution ist aus guten Gründen als die größte aller wissenschaftlichen Revolutionen bezeichnet worden. Sie bedeutete nicht nur die Substituierung einer wissenschaftlichen Theorie (‚unveränderliche Arten') durch eine neue, sondern erforderte darüber hinaus eine völlige Neuorientierung des Verständnisses, das der Mensch von sich und der Welt hatte, oder genauer gesagt, sie erforderte die Ablehnung einiger der am weitesten verbreiteten und liebsten Glaubenssätze des abendländischen Menschen. Anders als die Revolutionen in der Physik und in den exakten Wissenschaften (Kopernikus, Newton, Einstein, Heisenberg), stellte die Darwinsche Revolution tiefgründige Fragen hinsichtlich der Ethik und tiefster Überzeugungen des Menschen. Insgesamt bedeutete Darwins neues Paradigma eine höchst revolutionäre neue Weltanschauung."[99]

Olivier Henri-Rousseau begann sein Buch über *Darwin et ses héritiers* (2009) mit dem Wunsch, „die Bedeutung des Darwinismus in einem durch die Medien bestimmten Umfeld, das zu Lobeshymnen oder Verdammungen verführt, besser zu erkennen". Bleibt zu hoffen, dass es dem vorliegenden Buch ebenfalls gelungen ist, sich von dieser binären und vereinfachenden Logik zu befreien und die Nuancen eines darwinistischen Denkens herauszustellen, das für seine Zeit zu komplex war, in unserer Zeit aber Resonanz findet. Auch wenn das nicht die einzige Absicht dieses Buches ist, so hat dieser Rehabilitationsprozess auf Grundlage von Darwins Biografie und seiner privaten Schriften nicht die kleinen Schattenseiten des großen Mannes verschleiert und auch nicht die Missverständnisse, von denen er unfreiwillig profitierte und die ihm schadeten, wie zum Beispiel der Sozialdarwinismus. Die dann folgenden wissenschaftlichen Entdeckungen (Fortpflanzungs- und Vererbungsgesetze, Mutationen, Chromosomen, Gene, Biologie des Altruismus, Verwandtenselektion, Epigenetik) haben die außerordentlich fruchtbare Erklärung eines klarsichtigen, aber zurückhaltenden Wissenschaftlers, einer Art prometheischem Feuerdieb, der von den anthropologischen Folgen seiner Entdeckung überfordert war, bestätigt und vervollständigt. Wir hoffen, dass es uns gelungen ist, unser Wissen über die Evolutionswissenschaften zu teilen, um zu einer klareren und tieferen Einsicht in diese schwierige, aber umso spannendere Frage einzuladen, da sie „gesellschaftlich" eingebunden ist, das heißt, sie betrifft uns im Innersten und in zunehmendem Maße.

DARWIN-QUIZ

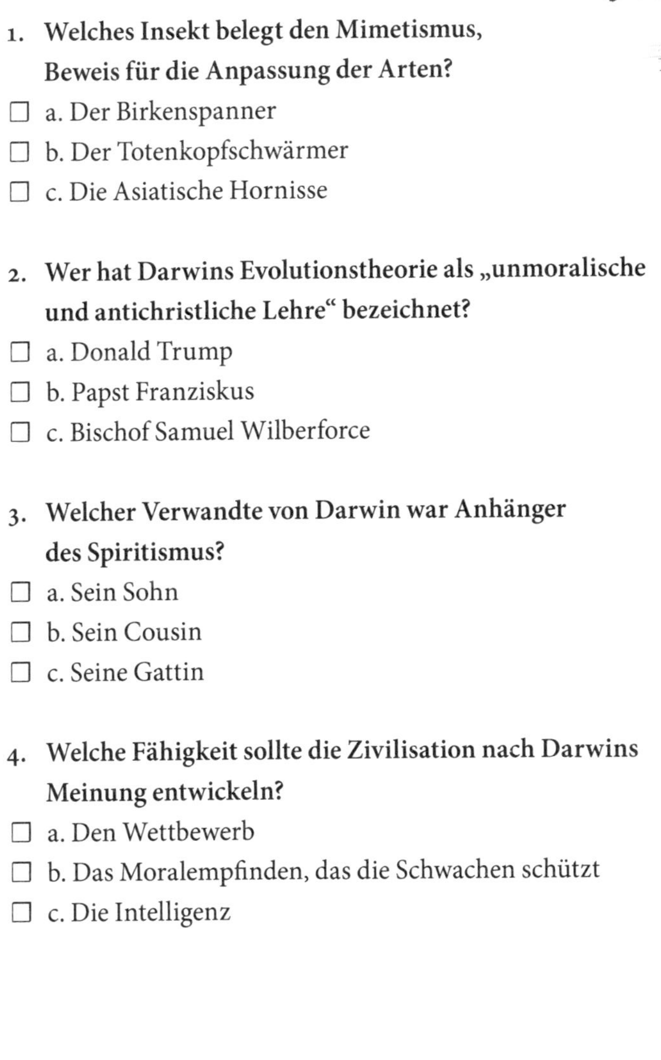

1. **Welches Insekt belegt den Mimetismus, Beweis für die Anpassung der Arten?**

☐ a. Der Birkenspanner
☐ b. Der Totenkopfschwärmer
☐ c. Die Asiatische Hornisse

2. **Wer hat Darwins Evolutionstheorie als „unmoralische und antichristliche Lehre“ bezeichnet?**

☐ a. Donald Trump
☐ b. Papst Franziskus
☐ c. Bischof Samuel Wilberforce

3. **Welcher Verwandte von Darwin war Anhänger des Spiritismus?**

☐ a. Sein Sohn
☐ b. Sein Cousin
☐ c. Seine Gattin

4. **Welche Fähigkeit sollte die Zivilisation nach Darwins Meinung entwickeln?**

☐ a. Den Wettbewerb
☐ b. Das Moralempfinden, das die Schwachen schützt
☐ c. Die Intelligenz

Lösungen:
1a, 2c, 3c, 4b

ANHÄNGE

GRUNDLEGENDE TEXTE

› Darwin, Charles, *Der Ursprung der Arten*, übs. v. Eike Schönfeld, Stuttgart (Klett-Cotta) 2018.

› Darwin, Charles, *Die Abstammung des Menschen und die geschlechtliche Zuchtwahl*, übers. nach der letzten englischen Ausgabe von Georg Gärtner, Halle a.d.S. (Verlag Otto Hendel) [o.J.].

› Darwin, Charles, *Der Ausdruck der Gemütsbewegung bei dem Menschen und den Tieren*, übs. von Julius Carus, Stuttgart (Schweizerbart'sche Verlagshandlung) 1872.

› Darwin, Charles, Charles Darwin, *Mein Leben: 1809 – 1882*. Herausgegeben von seiner Enkelin Nora Barlow. Mit einem Vorwort von Ernst Mayr. Aus dem Englischen von Christa Krüger, Frankfurt am Main (Insel) 1993.

› Kropotkin, Pjotr, *Gegenseitige Hilfe in der Entwickelung*, dt. Ausgabe von Gustav Landauer, Leipzig (Vlg. Theodor Thomas) 1904.

› Malthus, Thomas Robert, *Das Bevölkerungsgesetz*, übs. v. Christian M. Barth, Berlin (Matthes & Seitz Berlin) 2022.

ANMERKUNGEN

1. Autobiografie von Charles Darwin, veröffentlicht 1887 von seinem Sohn Francis, auf der Grundlage eines Textes seines Vaters aus dem Jahre 1876. Von seiner Urgroßenkelin Nora Barlow 1958 in

nicht bereinigter Fassung neu aufgelegt und 1993 ins Deutsche übersetzt: *Mein Leben. 1809 – 1882, Die vollständige Autobiographie*, übs. v. Christa Krüger, Frankfurt (Insel) 1993.

2. Titel der ersten deutschen Ausgabe von 1860, erschienen in der Übersetzung von Heinrich Georg Bronn. Im Folgenden wird der Titel der Neuübersetzung von 2018 verwendet: *Der Ursprung der Arten*, übs. von Eike Schönfeld, Stuttgart (Klett-Cotta) 2018.
3. Brief an A.R. Wallace vom 22. Dezember 1857, in: Charles Darwin, „Nichts ist beständiger als der Wandel". Briefe 1822 – 1859, übers. v. Ursula Gräfe, Frankfurt/M (Insel) 2008, S. 327.
4. Ernst Mayr, *Die Entwicklung der biologischen Gedankenwelt. Vielfalt, Evolution und Vererbung*, übers. v. K. de Sousa Ferreira, Berlin, Heidelberg, New York (Springer) 1984, S. 406.
5. Charles Darwin, Brief an seinen Freund Joseph Dalton Hooker, englischer Botaniker, 11. Januar 1844, in: Charles Darwin, „Nichts ist beständiger als der Wandel". Briefe 1822 – 1859, S. 169.
6. François Jacob, „Éloge du darwinisme", Gespräch geführt von Pierre-Henri Gouyon und Dominique Lecourt, Magazine littéraire, no 374, März 1999.
7. Siehe Olivier Henri-Rousseau, Darwin et ses héritiers. Au-delà des querelles, Perpignan, Artège, 2009, S. 114.
8. Siehe Thierry Hoquet, Darwin contre Darwin. Comment lire L'Origine des espèces?, Paris, Seuil, 2009.
9. Siehe Ralph Colp, To be an invalid. The Illness of Charles Darwin, Chicago, Chicago University Press, 1977; John Bowlby, Charles Darwin. Une nouvelle biographie, 1990, Paris, Presses universitaires de France, Reihe „Perspectives critiques", 1995; Adrian Desmond und James Moore, *Darwin. The life of a tormented evolutionist*, London, M. Joseph, 1991.
10. Erste dt. Ausgabe: *Allgemeine Historie der Natur nach allen ihren besonderen Theilen abgehandelt*, Hamburg/Leipzig 1750 – 1774.

11. Jean-Baptiste de Lamarck, *Système analytique des connaissances positives de l'homme*, Paris, Belin, 1820.
12. Jean-Baptiste de Lamarck, *Philosophie zoologique, ou Exposition des considérations relatives à l'histoire naturelle des animaux*, Paris, Dentu, 1809, auf Dt. erstmals 1876: *Zoologische Philosophie*, übs. v. Arnold Lang, Jena (Hermann Dabis) 1876.
13. Brief an J.D. Hooker vom 11. Januar 1844, in: Charles Darwin, *„Nichts ist beständiger als der Wandel". Briefe 1822–1859*, S. 169.
14. Thomas Robert Malthus, *An essay on the principle of population, as it affects the future improvement of society*, London, 1798.
15. Charles Darwin, *Mein Leben*, op. cit., S. 124.
16. Ernst Mayr, *Die Entwicklung der biologischen Gedankenwelt*, op. cit., S. 402.
17. Alfred Russel Wallace, „On the Tendency of Varieties to depart indefinitely from the Original Type", *Zoological Journal of the Linnean Society*, 1858, vol. 3, S. 53–62
18. Alfred Russel Wallace, „On the Law Which has Regulated the Introduction of New Species", *Annals and Magazine of Natural History*, September 1855, vol. 16, S. 184–196.
19. Die neue These des *Intelligent Design* ist der Ansicht, dass Gott sich nicht im Einzelnen mit der Schöpfung beschäftigt hat, sondern nur die Pläne entworfen und die ursprüngliche Ausgangslinie vorgegeben hat.
20. Alfred Russel Wallace, *Contributions to the Theory of Natural Selection. A Series of Essays*, London, Macmillan, 1870.
21. Herbert Spencer, *A system of synthetic philosophy*, London, William and Norgate, 1864–1867.
22. John D. Rockefeller, zitiert nach Richard Hofstadter, *Social Darwinism in American Thought*, Boston (Beacon Press), 1944, S. 45.

23. Patrick Tort, „Effet réversif de l'évolution", in: *Dictionnaire du darwinisme et de l'évolution*, Paris, Presses universitaires de France, Bd.1, 1996, S. 1334–1335.
24. Michael Blume, Evolution und Gottesfrage, Freiburg (Herder) 2013.
25. Cf. André Pichot, *La Société pure. De Darwin à Hitler*, Paris, Flammarion, 2000. Nach Denis Buican und Cédric Grimoult, „weil diese Passage seine Argumentation widerlegt, endet Pichot mit dem Zitat genau vor einem berühmten Satz von Darwin, der in den gesellschaftlichen Debatten seiner Zeit Partei ergreift", in: Denis Buican und Cédric Grimoult, *L'Évolution. Histoire et controverses*, Paris, CNRS. 2011, S. 162.
26. Francis Galton, „Regression Towards Mediocrity in Hereditary Stature", in: *Journal of the Anthropological Institute*, Bd.15, 1886, S. 246–263.
27. Cf. Patrick Tort, *Darwin et le Darwinisme*, Paris, Presses universitaires de France, Reihe „Que sais-je?", 2005, und Denis Buican, *Darwin et le Darwinisme*, Paris, Presses universitaires de France, Reihe „Que sais-je?", 1987.
28. Charles Darwin, *Die Abstammung des Menschen*, übs. v. Heinrich Schmidt, Stuttgart 1908, S. 171f.
29. André Pichot, *op. cit.*
30. Patrick Tort, *Darwin n'est pas celui qu'on croit*, Paris, Le Cavalier bleu, 2010, S. 85–87.
31. Darwin, *Abstammung*, übs. v Georg Gärtner, S. 794f.
32. Darwin, *Abstammung*, übs. v Georg Gärtner, S. 795
33. Thomas Henry Huxley, „Struggle for existence and its bearing upon man", *The Nineteenth Century*. vol. XXIII, Februar 1888.
34. Zum Beispiel Patrick Tort, in *Darwin n'est pas celui qu'on croit*, *op. cit.*

35. Charles Darwin, *On the Origin of Species by Means of Natural Selection, or the Preservation of Favored Races in the Struggle for Life*, London, John Murray, 1859.
36. Zitiert in *L'Équilibre de la nature*, Kompilation von Texten, übersetzt von Bernard Jasmin, Einführung und Anmerkungen von Camille Limoges, Paris, J. Vrin, Sammlung „L'histoire des sciences, textes et études", 1972.
37. Cf. vor allem Sigmund Freud, *Totem und Tabu*, 1913.
38. Cf. den Artikel von Pascal Picq, der Freud und der Psychoanalyse sehr kritisch gegenübersteht, „Darwin, Freud et l'évolution", *Science et pseudosciences*, n° 293, Sondernummer *Psychanalyse*, Dezember 2020, S. 36 – 49.
39. Cf. Sigmund Freud, *Einführung in die Psychoanalyse*, 1916.
40. Lucille B. Ritvo, *L'Ascendant de Darwin sur Freud*, 1992.
41. Friedrich Engels, Brief an Karl Marx, 11. oder 12. Dezember 1859, MEW, Bd.29, Dietz Verlag 1978, S. 524.
42. Karl Marx, Brief an Friedrich Engels, 19. Dezember 1860, MEW, Bd.30, Dietz Verlag 1974, S. 131.
43. Karl Marx, Brief an Ferdinand Lassalle, 16. Januar 1861, MEW, Bd.30, Dietz Verlag 1974, S. 578.
44. Friedlich Engels, „Das Begräbnis von Karl Marx", in: *Der Sozialdemokrat*, Nr.13 vom 22. März 1883. Marx-Engels-Gesamtausgabe. Abteilung I. Band 25. Dietz Verlag, Berlin.
45. Karl Marx, Brief an Laura und Paul Lafargue, 15. Februar 1869, MEW, Bd.32, Dietz Verlag 1974, S. 592.
46. Friedrich Engels, Brief an Pjotr Lawrow, 12.-17. November 1875, MEW, Bd.34, Dietz Verlag 1966, S. 169.
47. Karl Marx, Brief an Friedrich Engels, 18. Juni 1862, MEW, Bd.30, Dietz Verlag 1974, S. 249.

48. Charles Darwin, Brief an Dr. Scherzer, 26. Dezember 1879. Cf. Gérard Molina, „Darwin au piège des idéologies politiques", *Magazine littéraire*, n° 374, März 1999, S. 40.
49. Trofim Denissowitsch Lyssenko, *Die Lage in der biologischen Wissenschaft*, Tagung der Lenin-Akademie der landwirtschaftlichen Wissenschaften der UdSSR, 31. Juli – 7. August 1948, Stenographischer Bericht, Moskau 1949, S. 9 – 59, S. 32.
50. Für weitere Details cf. Denis Buican, *Lyssenko et le Lussenkisme, op. cit.*, und *Darwin et le Darwinisme, op. cit.*
51. Cf. Hervé Le Guyader, *Penser l'évolution*, Paris, Imprimerie nationale, 2012, S. 204 – 205.
52. Thomas Henry Huxley, *The Struggle for Existence in Human Society*, 1888.
53. Deutsch erstmals 1904: Peter [sic] Kropotkin, *Gegenseitige Hilfe in der Entwickelung*, Leipzig 1904.
54. Pjotr Kropotkin, *Gegenseitige Hilfe in der Entwickelung*, op. cit., S. 1.
55. Pjotr Kropotkin, *Gegenseitige Hilfe in der Entwickelung*, op. cit., S. 3.
56. Henry Walter Bates, zitiert von Kropotkin im Vorwort zu *Gegenseitige Hilfe in der Entwickelung*, S. T.
57. Pierre Jouventin, *Le Loup, ce mal-aimé qui nous ressemble*, Paris, HumenSciences, Reihe „Mondes animaux", 2021.
58. Ernst Haeckel, *Die Welträthsel, Gemeinverständliche Studien über Monistische Philosophie*, Bonn, 1899, S. 404, 405.
59. Achille Loria, „Le darwinisme social", *Revue internationale de sociologie*, Bd. 6, Nr.6, Juni 1896, S. 440 – 451.
60. Charles Darwin, *Der Ursprung der Arten*, S. 317.
61. Charles Darwin, *Der Ursprung der Arten*, S. 317.

62. Pjotr Kropotkin, „The direct action of environment on plants“, *The Nineteenth Century and After*, Bd. 68, Nr. 301, Juli-Dezember 1910, S. 58 – 77.
63. Philippe Descola, *Par-delà nature et culture*, Paris, Gallimard, Reihe „Bibliothèques des sciences humaines“, 2005
64. André Pichot, „Darwinisme, altruisme et radotage“, *Le Monde*, 3. Juli 1998.
65. Noam Chomsky, *Reflexionen über die Sprache*, übs. v. Georg Meggle u. Maria Ulkan, Frankfurt am Main (Suhrkamp) 1977, S. 195.
66. Dieses Schiffstagebuch gab ihm 1839 Anlass, sein Buch *A Naturalist's Voyage Round the world: The Voyage of the Beagle* zu veröffentlichen. Deutsch erschien es 1875 unter dem Titel *Reise eines Naturforschers um die Welt*, übersetzt von Julius Victor Carus.
67. Charles Darwin, *Mein Leben*, S. 270.
68. Charles Darwin, *Abstammung, übs. v Georg Gärtner*, S. 723.
69. Charles Darwin, Brief an den Botaniker Asa Gray, 5. Juni 1861.
70. Charles Darwin, *Die Abstammung des Menschen*, übs. v. Heinrich Schmidt, Stuttgart 1908, S. 78.
71. Charles Darwin, Brief an Alfred Russel Wallace, 26. Februar 1867.
72. Karl Popper, *Vermutungen und Widerlegungen: das Wachstum der wissenschaftlichen Erkenntnis*, übers. v. Gretl Albert, Tübingen, 2000.
73. Cf. Pietro Corsi, „Une théologie, pas une science!“, Gespräch mit Luc Allemand, in: *La Recherche*, N° 396, April 2006, S. 38.
74. Charles Darwin, Brief an John Lubbock, 22. November 1859.
75. Charles Darwin, *Mein Leben*, S. 92.
76. Jean-Claude Ameisen hat die verstreuten schriftlichen Äußerungen Darwins – vor allem in seinen Tagebüchern – zusammengetragen, die bei dem bedächtigen und neutralen Gelehrten ein hoch entwickeltes moralisches Gewissen und eine fundamentale geistige Befragung bezeugen. Cf. Jean-Claude Ameisen, *Dans la lu-*

mière et les ombres. Darwin et le bouleversement du monde, Paris, Fayard, Seuil, 2011.

77. Charles Darwin, *Mein Leben*, S. 272f.
78. Charles Darwin, *Mein Leben*, S. 274.
79. Cf. Yves Christen, *Marx et Darwin. Le grand affrontement*, Paris, Albin Michel, Slg. „Sciences d'aujourd'hui, 1981, S. 33 – 34.
80. Desmond Adrian und James Moore, *Darwin: The Life of a Tormented Evolutionist*, New York, W. W. Norton, 1991.
81. Charles Darwin, *Mein Leben*, S. 97.
82. Berichtet von dem Wissenschaftshistoriker James Moore in: „Darwin, un brillant conservateur", Interview von Dirk Draulans, *L'Express*, Sondernummer n° 4: *Darwin. Histoire d'une (r)évolution*, 9. Dezember 2009, S. 18.
83. Cf. Pierre Jouventin, „La domestication du loup", *Pour la Science*, n° 423, Januar 2013, Ders. *Kamala, une louve dans ma famille*, Paris, Flammarion, Slg. „Nouvelle bibliothèque scientifique", 2012, Ders., *Le Loup, ce mal-aimé qui nous ressemble*, op.cit.
84. Charles Darwin, *Mein Leben*, S. 92.
85. „Nothing in Biology Makes Sense Except in the Light of Evolution", *American Biology Teacher*, Bd. 35, März 1973, S. 152 – 129.
86. Jacques Monod, *Zufall und Notwendigkeit*, München 1971, S. 219.
87. Darwin, *Abstammung, übs. v Georg Gärtner*, S. 127.
88. Charles Darwin, *Die Abstammung des Menschen*, 1871.
89. Zitiert von Ernst Mayr, *Die Entwicklung der biologischen Gedankenwelt*, op. cit. S. 413.
90. Charles Darwin, *Die Abstammung des Menschen*, übs. v. Heinrich Schmidt, Stuttgart 1908, S. 171.
91. *Linke, hört die Signale! Vorschläge zu einem notwendigen Umdenken*, Ditzingen (Reclam) 2018.

92. *Linke, hört die Signale! Vorschläge zu einem notwendigen Umdenken*, 2018.
93. François Jacob, „Éloge du darwinisme“, op.cit.
94. Charles Darwin, *Le Corail de la vie. Carnet B, 1837–1838*. Das Manuskript dieses *Notebook B* wird unter den Dokumenten Darwins in der Cambridge University Library aufbewahrt. Cf. auch Georges Bringuier, *Charles Darwin. Voyageur de la Raison*, Toulouse, Privat, 2012, S. 264.
95. Charles Darwin, *Mein Leben*, S. 83f.
96. Charles Darwin, Brief an Edwin Ray Lankester, 22. März 1871.
97. Überliefert von Georges Bringuier, *op. cit.*, S. 221.
98. Jean Gayon, *Darwin et l'après-darwinisme. Une histoire de l'hypothèse de sélection naturelle*, Paris, Kimé, Reihe „Histoire des idées, théorie politique et recherches en sciences sociales“, 1992.
99. Ernst Mayr, *Die Entwicklung der biologischen Gedankenwelt, op. cit.*, S. 401.

DANKSAGUNG

Ich danke meiner Verlegerin Stephanie Zweifel für ihre kontinuierlichen Erinnerungen, dass dieses Buch für ein breites Publikum verständlich bleiben sollte. Ich hoffe, das ist mir gelungen, ohne eine so komplexe und nuancierte Persönlichkeit allzu sehr vereinfacht zu haben.

Mein Dank gilt Jean-Paul Barriolade, Direktor der Éditions Libre & Solidaire, dass er eingewilligt hat, mich meine Biografie, die ich 2014 veröffentlicht habe (*La Face cachée de Darwin*), kürzen und umarbeiten zu lassen.

Aus dem Französischen übersetzt von Ernst Eschersheimer.
Titel der Originalausgabe: Darwin (presque) Facile
erschienen bei Deachaux et Niestlé unter 978-2-603-02857-5.

Bildnachweis

Mit 62 Illustrationen von Gunther Schulz.

Impressum

Umschlaggestaltung von Büro Jorge Schmidt, München,
unter Verwendung einer Illustration von von Gunther Schulz.

Unser gesamtes Programm finden Sie unter **kosmos.de**.
Über Neuigkeiten informieren Sie regelmäßig unsere
Newsletter, einfach anmelden unter **kosmos.de/newsletter**

Gedruckt auf chlorfrei gebleichtem Papier

Für die deutschsprachige Ausgabe:

Pfizerstraße 5–7, 70184 Stuttgart
info@kosmos.de

ISBN 978-3-440-18007-5
Projektleitung: Heiko Fischer
Gestaltung und Satz: Text & Bild, Kernen
Produktion: Markus Schärtlein
Druck und Bindung: Friedrich Pustet GmbH & Co. KG, Regensburg
Printed in Germany / Imprimé en Allemagne